The Dessert Art

창의적이고 비주얼적인 요소를 겸비한 새로운 맛의 디저트

더 디저트 아트

나성주 · 이원석 · 백형기 · 이진하 공저

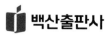

머리말

디저트의 역사는 매우 길다. 그만큼 누적된 기술을 쌓아왔다.

먼 옛날 디저트란 개념이 없었을 때도 식사 후 과일을 먹는 등 디저트 문화는 존재해 왔다. 본격적인 디저트의 개념은 중세시대 이후에 비로소 시작되었으며 이때부터 많은 종류의 디저트가 개발되고 제조법이 정립되기 시작했으며 현대에 와서도 디저트는 비주얼과 제조법 등 관련한 모든 방면에서 지속적으로 발전하고 있다.

현대의 디저트 산업은 매우 전문적이고 빠른 속도로 발전하고 있다. 우리나라 또한 현대화되기 시작하며 개인의 소득 향상과 여가시간의 증대, 주 5일제 근무의 확산, 여성의 사회 진출, 핵가족화 등으로 외식문화에 대한 관심이 지속적으로 증가하고 있다. 게다가 오늘날의 소비자들은 식문화적인 면에서 비주얼적, 영양학적으로 고품질(high-quality)의 제품을 원하고 있다.

이러한 외식산업의 트렌드에 맞추어 제과제빵 관련 교육기관의 수도 증가하고 있다. 또한, 제과산업 전반에서도 관련자를 대상으로 다양한 교육을 실시하고 제과산업에 필요한 다방면의 연구를 실행하여 국내 제과산업은 빠르게 발전하고 있다.

현대 사회는 개인의 경쟁력, 곧 기술이 필수인 시대이다. 모든 분야에서 개인만의 특수한 기술을 가지고 있어야 살아남을 수 있으며, 특히나 과거에는 천대받던 기술이었더라도 현대에 와서는 '장인'으로 우대받는 등 전문기술을 반드시 가지고 있어야 하는 시대가 되었다. 제과제빵사 역시 마찬가지이다.

현대의 디저트는 과학적이고 미적이어야 한다. 미각적인 부분은 물론이고 디저트를 소비하는 소비자가 시각적으로 맛을 느낄 수 있어야 하며, 창의성과 예술성을 겸비한

하나의 작품일 수 있어야 한다. 그렇기 때문에 뛰어난 제과제빵사가 되기 위해서는 본인의 자질과 기술, 그리고 제과제빵에 관련한 연구와 개발이 반드시 필요하다.

필자는 특급호텔 제과장, 대한민국 제과기능장으로서 국가 원수 등 각국의 다양한 VIP의 제과제빵류를 담당하였고, 대한민국 국가대표 선수로 활동하며 세계 유수의 베이커리대회에서 수상하는 등 30년 이상의 경험과 노하우 등을 이 책에 담기 위해 노력하였다. 새로운 맛과 디저트의 예술성·창의성 등 남들이 경험하지 못한 것을 경험하고 싶어 하는 소비자들이 늘어남에 따라 창의적이고 비주얼적인 요소를 겸비한 제품을 소개하였다.

독자가 직접 만든 제품을 평가할 수 있도록 세세한 과정을 나타내는 데 많은 지면을 할애하였으며, 본서가 디저트에 관한 지식을 넓히고 응용성을 높이는 데 도움을 줄 수 있도록 최선을 다하였다.

본서를 위해 관련 전공분야 최고의 기술인들이 참여하여 많은 노력을 기울여 준비한 만큼 제과제빵을 전공하는 학생 및 현업 종사자, 관련산업 종사자들의 길잡이가 되었으면 한다. 제과제빵 교육에 많은 도움이 되기를 기원하며, 본서가 완성되기까지 물심양면으로 지원을 아끼지 않으신 지인분들과 공저자분들께 진심으로 감사드린다.

저자 씀

차례

Part I
디저트 이론

Part II
디저트 기초실기

Part III
디저트 데커레이션

Part IV
베이직 디저트

Part V
플레이트 디저트

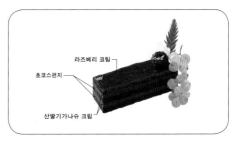

라즈베리 코팅

초코스펀지

산딸기가나슈 크림

• 디저트 삽화가 있어 더욱 쉽고 재밌게 볼 수 있습니다.

The Theory of Dessert

디저트 이론

1. 디저트의 정의

우리가 알고 있는 일반적인 디저트는 19세기부터 자리 잡기 시작하였으며 불어로 디저트(Dessert)를 나타내는 앙트르메(Entremets)란 단어가 있다.

앙트르메(Entremets)는 '요리와 요리 사이'라는 뜻의 옛말이며 당시 프랑스 귀족들은 몇 단계를 거치는 긴 식사시간을 즐겼는데 그 사이사이에 마술, 노래와 같은 Entertainments를 보며 식탁의 흥을 돋웠다고 한다.

그 후 요리와 요리 사이에 나오는 야채, 생선요리, 단맛이 나는 과자를 가리키는 말이 되었고 지금은 식사시간이 짧아졌으므로 '단맛이 나는 과자'라는 말이 되었다.

본래 후식이란 프랑스어 디저비흐(Desservir)에서 유래된 용어로서 '치운다, 정리한다'라는 의미를 갖는다.

이 뜻은 모든 음식을 제공하고 난 후 테이블 위에 있는 모든 음식 및 기물을 정리한 뒤 고객에게 제공한다는 뜻이다. 이것은 절대 원칙으로 서비스하는 것은 아니었다. 하지만 남다른 의미가 있다. 일단 고객의 주 메인코스가 끝나면 사용했던 모든 utensils과 glasswares를 정리한 뒤 테이블 위에 남아 있는 작은 빵 부스러기까지 깨끗이 치운 뒤 디저트를 고객에게 제공한다.

디저트는 일반적으로 식사 후에 제공되는 요리를 말하며, 단맛(sweetness), 풍미(savory), 과일(fruits)의 3가지 요소가 모두 포함되어야 디저트라고 할 수 있다.

- 서양 디저트의 특징 - 화려한 아름다움과 맛의 조화
- 동양 디저트의 특징 - 춘하추동의 계절감을 담은 섬세함

디저트는 다양한 환경에서 많은 색다른 방법으로 고객에게 제공한다는 점이 가장 중요하다.

디저트는 식사가 끝나고 식욕도 충족된 상태에서 마지막으로 식사의 끝맺음을 우아

하고 향기롭게, 그리고 눈을 즐겁게 해주는 것 즉 디저트는 그 즐거움을 위해 만들어진 요리의 꽃이라고 할 수 있다.

2. 디저트의 유래

디저트의 유래는 선사시대로 거슬러 올라가는데 당시의 후식이란 야생 꿀, 과일을 기본으로 하여 만든 단맛이 나는 음식에 불과했다.

고대에는 신을 모시는 봉헌제 때 사용하던 음식물로서 고대 이집트왕 람세스 2세의 무덤에서 작은 과자 조각이 있는 부조 조각이 발견되었다는 기록이 있어 후식의 의미가 내포된 식사가 존재했음을 알 수 있다.

고대 로마에서는 처음으로 빵이 대량생산되었으며 이 시기에 빵을 전문적으로 만들기 시작했다고 말할 수 있다.

프랑스의 중세시대에는 꿀 또는 건과일을 첨가한 케이크를 만들기 시작하였으며 지금의 케이크와 비교해 보면 뻑뻑한 질감과 단맛이 적었다.

1400년경 프랑스의 Pastry Chef는 Bakers로부터 따로 떨어져 나와 독자적으로 Pastry 분야를 만들었으며 이 시기에 급속도로 Pastry 품목이 발전하게 되었다.

유럽인들이 1492년 아메리카를 발견하여 그곳에서 설탕과 코코아를 발견해서 유럽으로 가져갔다. 신세계로부터 설탕과 코코아가 싼 가격으로 공급되고 정제기술이 발달하자 Pastry의 혁명이 일어났다.

17~18세기에는 우리가 아는 Pastry 상품들이 만들어지기 시작하였다.

1789년 프랑스 혁명 이후로 제과사들은 귀족들의 음식을 만들어주었다.

이 시대의 귀족들은 독립적으로 사업을 운영하였으며 이에 여기서 일하는 제과사들은 많은 Pastries들의 품질을 높였으며 예술적으로 만들었다.

19세기 가장 유명한 Chef는 Marie-Antonie Carême이다.

그의 탁월한 설탕작업과 Pastries 상품은 그의 명성을 높였고 전문 제과사로 존경받게 되었다. 그의 기술에 힘입어 19세기에는 제과기술이 더욱 발전하게 되었다.

- 고대 - 신을 모시는 봉헌제 때 사용하던 음식으로, 고대 이집트왕 람세스 2세의 무덤에서 작은 과자 조각이 있는 부조 조각을 발견
- 고대 그리스 - 철학자와 시인들이 식사 후 물을 탄 와인을 마시고 치즈와 말린 무화과나 살구 등을 즐겼음
- 중세 - 아니스, 코리앤더, 생강 등 스파이스(양념)에 설탕을 넣고 조린 것을 식후에 입가심으로 먹는 것이 유행
- BC 327년에는 알렉산더 대왕의 군대가 인도의 한 골짜기에서 사탕무밭을 발견했고, 이를 서양으로 전파(계피, 육두구, 편도, 개암 등)
- 16세기 - 스페인에 초콜릿이 전해졌고, 17세기에는 전 유럽으로 퍼지게 된다. 프랑스 디저트가 전 세계에 명성을 떨치게 된 것은 탈레이앙드의 요리사인 앙토냉 카렘(Antonin Careme, 1784~1833) 때이며, 그는 현대과자의 선구자로서 껍질이 얇게 벗겨지는 과자인 페유타지(feuilletage)를 최초로 개발
- 19세기가 지나면서부터 러시아식 서비스 식단이 도입되면서 디저트가 현재와 같은 단 음식으로 식사 뒤에 나오게 되었고 얼마 후 유럽 전역에 퍼지게 되었다. 그 후 달콤한 음식을 손님들이 좋아하고 과학적으로 어느 코스에 제공해야 하느냐는 연구 끝에 맨 마지막을 장식하는 것이 가장 이상적인 방법으로 채택되어 요리와 디저트의 관계가 새롭게 정리되는 계기가 되었음

3. 디저트의 분류

(1) 콜드 디저트

1) 무스(Mousse)

프랑스 백과사전을 찾아보면, 무스란 '어떤 액체 위에 생기는 거품', '생크림과 계란 흰자로 만든 디저트 또는 앙트르메'라고 풀이되어 있다.

한마디로 말하면 무스란 강하게 거품을 올린 계란 흰자와 생크림을 주재료로 한 거품과 같이 가볍게 부풀어오른 크림 또는 이러한 크림으로 마무리한 과자로 정의할 수 있다.

- 초콜릿 무스, 딸기 무스, 망고 무스, 녹차 무스, 산딸기 무스, 코코넛 무스 등

2) 푸딩(Puddings)

커스터드 푸딩, 라이스 푸딩, 브레드 푸딩

3) 젤리(Gelée)

설탕 또는 설탕용액에 응고제를 넣고 냉각시켜 굳힌 부드러운 과자

- 젤라틴 젤리, 펙틴 젤리, 한천 젤리, 와인 젤리, 과일 사바용, 샴페인 젤리

4) 바바로와(Bavarois, 바바루아)

바바로와 크림, 바바로와 오 퓨이

5) 블랑망제(Blanc Mange)

프랑스어로 "하얀 음식"이라는 뜻. 생크림을 이용한 부드러운 푸딩을 말한다.

6) 초콜릿(Charlottes, 초코릿)

샤롯트 아 라 퓌레, 샤롯트 오 쇼콜라

7) 크렘(Crémes, 크림)

크렘 캐러멜, 몽블랑

(2) 핫 디저트

더운 디저트를 조리하는 방법에는 오븐에 굽는 법, 더운물 또는 우유에 삶아내는 법, 기름에 튀겨내는 법, 팬에 익혀내는 법, 알코올로 플람베(Flambe)하는 법 등이 있다.

1) 수플레(Souffle)

초콜릿 수플레, 잘츠부르크 노케르, 레몬 수플레, 아몬드 수플레

2) 플람베(Flambe)

재료에 알코올 음료를 뿌리고 불을 붙여 알코올 성분을 날려보내는 방법
- 체리 플람베, 바나나 플람베

3) 그라탕(Gratin, 그라탱)

주재료인 과일을 올려 놓고 그 위에 이태리식 소스(Sabayon)를 담은 다음 오븐에 구워 내는 것
- 로얄 그라탕, 과일 그라탕과 셔벗(샤벳, 샤베트)이 있다.

4) 푸딩(Puddings)

플럼푸딩, 라이스푸딩

(3) 냉 디저트

1) 아이스크림(Ice Cream)

유류 또는 유제품을 주원료로 하여 당류, 기타 식품 또는 첨가물을 가하여 동결한 것으로 유지방 6% 이상 및 무지고형분 10% 이상을 함유한 것을 말한다. 계란은 지역

에 따라 넣지 않을 수도 있다. 대표적으로 Philadelphia-style은 계란을 넣지 않고 만든다.

2) 파르페(Parfait)

노른자 위에 시럽을 첨가하고 거품낸 생크림과 합쳐 얼린 빙과이다. 전에는 커피 크림을 바탕으로 하여 만든 아이스크림을 가리키는 명칭이었다. 아이스크림의 한 종류이기는 하나 우유 대신 생크림을 사용했기 때문에 아이스크림보다 부드러운 맛이 있다. 생크림을 거품내어 첨가하므로 작은 기포가 안정적으로 포함되어 있다.

3) 선데(Sundae)

여러 가지 단맛의 소스를 얹은 아이스크림. 과일, 땅콩 등을 곁들여 먹는다. Ice cream soda에서 유래되었다.

4) 쿠페(Coupe)

쿠페는 주로 우아하고 매력적으로 장식된 아이스크림 디저트이다. 많은 종류가 있으며 오늘날에도 내려오는 전통적인 쿠페는 다음과 같다.

- Coupe Arelesienne : 당절임된 과일조각을 Kirsch에 담가놓고 이것을 컵에 놓는다. 이 위에 바닐라 아이스크림 한 스쿱을 놓고 poached된 배를 한 조각 올린 뒤 살구소스를 위에 뿌려 고객에게 제공한다.
- Coupe Edna May : 바닐라 아이스크림위에 체리로 장식하고 산딸기 퓌레로 생크림을 섞어 핑크색 생크림을 만든 뒤 이 크림으로 장식하여 제공한다.
- Coupe aux Marrons : 당절임된 밤과 바닐라 아이스크림을 섞은 뒤 여기에 생크림으로 장식하여 제공한다.

5) 셔벗(Sherbet, 샤베트, 샤벳)

셔벗은 과일주스, 물, 설탕을 섞어서 얼린 상태로 만들어 사용한다. 아이스크림과 다른 점은 계란과 유지방을 사용하지 않는다는 것이고 셔벗은 대체로 생선 코스 다음에 제공되어 소화와 입맛을 돕는다. 하지만 American sherbet은 보통 우유, 크림 혹은 때때로 계란 흰자를 넣어 만들기도 한다. 계란 흰자를 넣는 이유는 부드러움과 볼륨감을 더해주기 때문이다.

(4) 과일 디저트

과일은 많은 페스츄리, 케이크 그리고 소스에 중요한 재료이다. 하지만 이러한 디저트들은 많은 유지와 설탕을 함유하고 있다. 점차로 소비자들은 디저트에도 적은 칼로리와 유지를 원하며 자신들이 좀 더 건강해질 수 있도록 디저트 부분에서도 끊임없는 관심을 가지고 있다. 이러한 사람들에게 과일은 그 자체로 충분히 위로가 된다. 모든 코스요리가 끝나고 과일 한 조각은 저녁식사 후 사람들에게 상쾌한 맛을 느끼게 해준다. 하지만 단순히 과일 한 조각을 고객에게 제공하는 것보다는 과일에 조금 변화를 주면 고객이 더 감동받지 않을까 생각한다. 예를 들면 딸기를 그냥 고객에게 제공하는 것보다 딸기와 가벼운 크림 또는 사바용 아니면 앙글레이즈와 같은 소스 등을 같이 제공한다면 고객은 좀 더 만족스러운 식사를 할 것이다.

1) 콩포트(Compote)

콩포트는 간단히 정의하면 '익힌 과일'이다. 보통 작은 과일이나 과일을 작게 썰어서 만든다. 콩포트를 만드는 방법은 약한 불에 설탕시럽과 과일을 넣고 과일이 익을 때까지 익히면 된다. 이때 다른 풍미를 위하여 향신료를 넣거나 꿀 또는 리큐르를 넣어 익혀도 된다.

2) 마멀레이드(Marmelade)

과일을 통째로 아니면 조각으로 썰어서 시럽에 익힌 것이다. 콩포트는 과일의 형태를 유지하지만 마멀레이드는 설탕이 과일 안으로 완전히 들어가 거의 퓌레(puree)상태로 익히는 것이다. 즉 형태가 거의 없는 것이 다른 점이다.

3) 프리저브(Preserve)

과일, 야채 등을 설탕조림한 것이다. 재료의 형태가 그대로 남아 있는 잼을 말한다.

(5) 프티푸르(Petit four)

프티푸르(petit four)는 한입에 먹을 수 있는 크기의 작은 과자를 일컫는 말이다. 모든 프티푸르류는 오븐에서 구워낸 작은 제품이다. 하지만 상황에 따라 몇몇 상품은 오븐에 구워내지 않은 것도 있다. 프티푸르에는 2가지 categories가 있다. 하나는 "Petit fours secs"이고 다른 하나는 "Petit fours glacés"이다. Petit fours secs은 다양한 작은 제품들 즉 작은 과자, 구운 머랭, 마카롱, 퍼프 페스츄리 등의 제품이다. 여기에는 에클레어(éclair), 타틀렛(tartlet), 케이크 등이 있다. 모든 종류의 케이크 혹은 페스츄리라도 한입에 먹을 수 있는 작은 크기면 프티푸르라고 할 수 있다. 또한 프티푸르는 고기요리의 후식으로 차와 함께 세트로 제공된다.

- 예: 쇼콜라 슈니텐, 홀란 다이스, 봄베타, 화이트 프티푸르 등

4. 디저트 장식

오늘날 디저트 장식은 끊임없이 변화·발전되어 왔다. 많은 정보와 chefs의 노력과 연습 등을 통해 오늘날 dessert presentation이 나왔다. 하지만 많은 chefs는 이러한 노력의 산물에 대해 항상 만족하지 않고 새로운 것을 더욱 연구했기 때문에 최고의 dessert presentation이 나왔다고 생각한다. 대부분의 chef들은 dessert를 decoration할 때 자신들이 생각하는 원칙이 있다.

(1) Flavor

"too much presentation and not enough flavor" 이 말은 최근 몇 년 전까지만 해도 대부분 디저트들에 대한 평가였다. 장식은 화려하지만 맛이 떨어진다는 의미이다. 예전에는 왜 이렇게 디저트를 제공했을까? 당시에는 이런 말이 있었다. "that the eye eats first" 이 말을 직역해 보면 '눈이 먼저 먹는다'라는 뜻이다. 디저트 음식은 고객 눈에 확 들어와야 한다는 뜻이다.

디저트에서 가장 중요한 것은 맛이 있어야 한다는 점이다. 왜냐하면 음식이기 때문이다. 즉 고객은 모든 음식을 먹고 나서 평가하는데 그 핵심은 "맛"이기 때문이다. Flavor에서 가장 중요한 것은 재료(ingredients)에서 시작된다. 최상품질의 재료는 디저트음식은 만드는 데 있어 어떠한 것과도 바꿀 수 없다.

(2) Simplicity and Complexity

최상의 맛을 가진 그리고 가장 신선한 재료를 가지고 디저트를 장식할 때 디저트 장식을 어디까지 할지 고민이 생기기 시작한다. 종종 이러한 문제가 고민이 된다. 그 자체로는 무엇인가가 허전해 보이기 때문이다. 하지만 장식을 하면 할수록 그 디저트의 flavor는 반감될 것이기 때문에 장식을 고려해 보아야 한다. 최고의 chef는 장식을 많이 하지 않아도 혹은 그 자체만으로 대단히 좋은 디저트라는 것을 안다. 그러기에 그들은 많은 장식을 하지 않고 simple하게 고객에게 서비스할 것이다. 때로는 장식의 simplicty가 훌륭한 디저트가 될 수 있다.

(3) Plating Guidelines

디저트를 장식하는 것은 한 가지 또는 한 가지 이상의 재료를 잘 정돈해 접시에 놓는 것이다. 대부분의 디저트 재료들은 미리 준비해 놓는다. 이렇게 준비해 놓은 재료는 마지막 순간에 조합해서 고객에게 제공한다.

기본적으로 디저트를 완성하는 데는 3가지 요소가 있는데 첫 번째는 Main item(주재료) 두 번째는 Garnish(장식) 그리고 마지막으로 Sauce(소스)이다.

1) Main item

가장 간단한 형태의 디저트이다 예를 들면 케이크 한 조각, 파이 한 조각 등은 그 자체만으로도 디저트가 될 수 있다. 하지만 대부분의 디저트에는 장식을 해준다. Main item을 디저트 접시에 놓으려면 맛에 관련된 3가지 특성이 있어야 한다.

① Flavor : 풍미의 맛이 최대한으로 있어야 한다.

② Texture : 질감의 차이가 있어야 한다. 예를 들면 부드러운 아이스크림에 쿠키류를 더해 아이스크림에 질감을 더한다.

③ Temperature : 온도차이가 나는 디저트 즉 따뜻한 과일 타트에 한 스푼의 아이스크림은 입안에서 묘한 맛을 낸다.

2) Garnish

대부분의 디저트에는 한두 가지의 장식을 놓곤 한다. 디저트 Main item 하나만으로는 무엇인가 부족해 보이기 때문이다. 장식을 놓을 때는 모두 먹을 수 있어야 하며 main item과 조화를 잘 이루어야 한다. 최고의 장식을 위해서는 다음과 같은 재료를 이용해 만들 수 있다.

과일(fruits), 아이스크림(ice cream), 셔벗(sorbet), 생크림(whipped cream), 작은 쿠키(small cookie), 건과일(fruit crisps), 초콜릿(chocolate), 튀일(tulie), 설탕공예 (sugar work) 등

3) Sauce

디저트 소스는 크림 소스와 리큐르 소스로 분류하며 크림소스는 과일퓌레(Fruit Puree), 계란 노른자, 설탕, 물, 콘스타치, 우유 등을 혼합하여 끓인 다음 리큐르를 넣어 만든 소스이며 대표적인 소스가 Anglaise Sauce이다. 다음은 리큐르 소스이며 순수과즙에 슈거파우더와 리큐르만을 혼합하여 만든 소스로서 Coulis 형태의 소스가 대표적인 소스이다. 또한 따뜻한 소스와 차가운 소스로 나누어진다. 현재의 디저트 코스는 다른 어떤 코스보다 비중을 더 차지하며, 디저트 근원인 프랑스에서조차 메뉴 구성 3단계에 들어갈 정도로 더 관심을 두고 있는 실정이다.

- 예 : 산딸기 소스, 체리 쥬빌레 소스, 앙글레이즈 소스, 블루베리 소스, 오렌지 소스, 크랩 소스, 꿀 소스 등

소스 제조 시 주의사항

소스는 공기와 접촉하면 표면이 말라서 막이 생겨 습기를 막으므로 계속 저어주어야 하며 과일의 단맛, 쓴맛, 과일의 향료 등이 그대로 날 수 있도록 해야 한다. 그리고 리큐르를 너무 많이 넣으면 과일의 특유한 맛과 향이 감소하기 때문에 적당량만 사용해야 한다. 예전에는 걸쭉하게 만든 소스 즉, 아메리칸 스타일인 소스가 주류를 이루었다. 하지만 근래에 와서는 간편하면서도 과일의 맛을 그대로 유지하는 과일퓌레(Fruit Puree)가 많이 사용된다. 또한 예전의 디저트는 단맛이 강한 것이 거의 대부분이었으나 지금은 약간의 단맛을 낼 뿐이다. 단맛이 강함으로써 과일의 향과 맛을 희석시킬 수 있기 때문이다.

5. 디저트 재료

(1) 계란(Egg)

계란은 껍질, 흰자, 노른자로 구성되어 있다.

비중은 껍질이 10~12%, 흰자가 55~63%, 노른자가 26~33%이다. 계란의 크기가 클수록 흰자의 비율이 높아진다.

계란의 성질은 점탄성, 기포성, 응고성, 습윤성, 부황, 색상이 있다. 이 6가지의 성질 때문에 디저트에서는 계란이 없으면 디저트가 만들어지기 어렵다고 볼 수 있을 정도로 디저트에서 계란은 매우 중요한 재료이다.

디저트에서 계란의 쓰임새는 세 가지로 나눈다. 전란을 이용하는 법과 노른자나 흰자를 따로 이용하는 방법이다. 전란은 구움 과자류나 푸딩류에서 주로 쓰이고 흰자는 머랭을 사용하는 부드러운 디저트나 바삭한 과자종류의 디저트를 만들 때 사용한다. 노른자는 크림류나 소스류에 사용한다. 계란은 신선한 것을 사용해야 한다. 껍질의 결이 일정하고 외부가 깨끗하며 표면에 광택이 없는 계란이 외부적으로 신선한 것이며 내부적으로는 노른자의 높이가 높고 탄력 있고 흰자의 두께가 두텁고 퍼지지 않는 것, 10%의 소금물에 계란을 넣어 가라앉으면 신선란, 뜨면 오래된 계란이므로 잘 선별해서 사용해야 한다.

(2) 설탕(Sugar)

설탕은 현재의 디저트에서 필수적인 백색 감미료로 간주되며, 그 단맛은 물론이고 향, 안정성, 발효 조절기능 등 다양한 기능으로 제과제빵에서 중요한 역할을 한다.

사탕수수 줄기로부터 추출되는 자당과 사탕무로 만들어지는 첨채당(Beet Sugar)이 있는데, 설탕의 제조방법에 따라 함밀당과 분밀당으로 나뉘며, 정제 정도에 따라 조당과 정제당으로 분류되고, 색상에 따라 백설탕, 적설탕, 흑설탕으로 나뉜다. 또한 크기에 따라 분설탕, 쌍백당, 각설탕, 얼음설탕 등으로 구분되기도 한다.

설탕의 역사는 매우 오래되어 BC 327년, 알렉산더 대왕이 인도로 원정군을 보낸 당시, 지휘관이었던 네아르코스 장군이 인도에서 발견했다고 전해진다. 인도에서 처음 생산된 설탕은 원료가 되는 사탕수수가 BC 2000년 무렵 인도에서 재배되었고, 5~6세기에 중국, 인도네시아, 타이로 설탕이 보급되었으며 중앙아시아를 거쳐 유럽에 전파되었다.

8세기에는 지중해 지역을 거쳐 아프리카 남부까지 보급되었고, 중남미 지역인 쿠바, 멕시코, 브라질 등에서도 설탕 재배가 시작되었다. 16세기에는 이 지역들이 세계 굴지의 설탕 생산지역으로 성장하였고, 17세기 초에는 세계적인 설탕 사용량이 증가하면서 여러 국가 간의 이해관계가 복잡해져 설탕 전쟁을 일으키기도 했다. 특히 독일과 프랑스 간의 설탕 전쟁은 유명하다.

19세기 프랑스에서는 고체 설탕을 만들어 전 유럽에 보급했고, 산업혁명 이후 교통과 식문화의 발전으로 설탕이 전 세계적으로 보급되어 현재는 우리 식탁에서 필수적인 재료로 사용된다.

(3) 생크림과 우유(Milk products and milk)

1) 생크림

우유의 지방분만을 분리해 낸 것으로 지방함량이 50% 이하이며 보존기간이 짧다.

생크림의 유지방에는 카로틴이 많이 함유되어 있으며, 후레쉬 크림이라고도 한다.

생크림은 현대 양과자의 기본재료가 되고 있으며 앞으로 디저트 분야에서 사용량이 점차 증가될 것이다.

생크림에는 지방분 20% 전후의 저지방 제품부터 45% 전후의 고지방제품이 있으며, 과자류에는 40% 전후의 크림이 사용하기에 적합하다.

생크림의 종류는 유크림, 비유지방크림, 혼합크림이 있으며 용도에 따른 분류로는 휘핑용 크림, 유크림, 커피용 크림으로 분류한다.

현재 시판되는 생크림은 회사에서 만드는 크림과 수입가당 식물성 크림 등으로 나뉜다. 과일과 궁합이 잘 맞으며 부드러운 식감과 체내 흡수력을 가진 생크림은 물에 유지가 분산된 수중유적형 제품으로 보존기간이 짧다. 유지방과 식물성 유지가 혼합된 것은 가공크림, 식물성 유지만으로 된 것은 식물성 크림이며 이를 합하여 휘핑크림이라고 한다.

생크림은 5℃에서 보관해야 하며 휘핑할 때는 용기와 크림을 차게 해서 작업하는 것이 기포성이 좋다.

2) 우유

우유의 주성분은 물, 단백질, 지질, 당질, 비타민, 무기질 등으로 구성되어 있다.

우유의 지방분을 유지방이라고 하며 유지방을 제외한 우유의 고형분은 무지유고형분이라 하여 유제품 성분규격의 지표로 사용된다.

생우유를 시유라 하고 이것을 살균 냉각 포장한 것을 우유라 한다.

시유에서 지방을 뺀 것을 탈지우유라 하며 우유에 탈지분유나 비타민을 첨가한 것을 가공우유라 한다. 우유에 커피, 초콜릿, 과즙을 넣은 것을 응용 우유라 한다.

우유의 수분을 증발시켜 설탕을 가미한 것을 연유라 한다. 가당 타입과 무당 타입이 있는데 시중에는 거의 가당 타입이다. 우유 중에 수분을 88% 증발시켜 만든 것을 분유라 한다. 분유에는 여러 종류가 있는데 전지분유, 탈지분유, 가당분유, 조제분유, 혼합분유로 구분한다.

디저트에서는 소스류나 가미제 그리고 푸딩류에 주로 쓰인다.

(4) 바닐라빈(Vanilla bean)

바닐라의 열매를 바닐라빈이라 하며 샤프란 다음으로 값비싼 향료이다. 일반적으로 바닐라의 열매를 바닐라빈이라 부르지만 이름만 '빈'이고 실제로는 콩과 전혀 관련이 없으며, 영어에서는 식용 씨앗을 모두 빈이라 통칭하여 이런 이름이 붙었다고 한다.

바닐라빈은 바닐라 꽃이 핀 후 8~9개월 동안 10~20cm 정도 성장하고 처음엔 초록색이었다가 성장하면서 노랗게 변하기 시작하고 이렇게 수확한 바닐라빈을 70℃의 물에서 데친 후 말리고 발효시키면 우리가 아는 바닐라빈처럼 검은색이 된다.

1) 바닐라빈

천연 바닐라빈을 말려서 만든 향료로 풍부한 바닐라향이 굉장히 매력적이지만 가격이 비싸다.

2) 바닐라오일

바닐라를 압착해서 만든 오일로 베이킹용보다는 테라피나 향료로 많이 사용되고 있다.

3) 바닐라 익스트랙

천연 바닐라에 함유된 바닐린을 물과 알코올에 숙성시켜 추출한 성분에 설탕, 옥수수 시럽, 포도당 등 감미료를 넣어 사용하며 약간의 알코올향이 나는 것이 특징이다.

4) 바닐라 에센스

인공적으로 추출한 바닐린에 물과 에탄올, 화학향료를 첨가하여 만든 제품으로 바닐라 익스트랙보다 가격이 싸고 특유의 인공맛이 날 수 있다.

가격이 저렴해 사브레 쿠키, 파운드케이크 등 계란 비린내 제거에 주로 사용한다.

5) 바닐라 페이스트

페이스트 타입으로 만든 바닐라 페이스트는 곱게 간 바닐라빈에 설탕, 증점제 등을 혼합해서 만든 제품으로 일반적인 바닐라 제품보다 향이 진한 편이고 바닐라빈보다 가격이 저렴하고 씨를 따로 발라내지 않아도 돼서 사용하기 간편하다.

6) 바닐라 설탕

다 사용한 바닐라빈 껍질을 잘 씻어서 설탕 속에 넣어두면 바닐라향이 나는 바닐라빈 설탕이 완성되며, 베이킹이나 일반 요리에도 사용한다. 유명 셰프인 제이미 올리버의 경우 바닐라향을 더욱 강하게 하기 위해 설탕과 바닐라빈을 함께 넣고 갈아서 만들기도 한다.

7) 바닐라 파우더

바닐라향 베이스에 옥수수 전분, 자당 등을 섞어 만든 분말로 액체를 사용하지 않거나 고열로 오래 가열하는 제품 등에 사용하기 좋다.

(5) 검(Gum)류

물에 콜로이드 상태로 분산되며 물의 흡수성이 좋아 농화제(페이스트, 젤리)로 이용된다.

1) 한천(Agar)

무정형 반투명의 결정조각 또는 분말로 찬물에는 녹지 않으나 물에 잘 팽윤하여 20배의 물을 흡수한다. 무미, 무취이며 태평양의 해조류(우뭇가사리)로부터 얻는다. 한천은 산에 약하여 산성용액에서 가열하면 당질의 연결이 끊어진다.

2) 알진(Algin, Sodium alginate)

갈조류에서 얻은 백색~엷은 황갈색의 분말이며 맛은 없고 냄새가 거의 없다. 우유에서는 우유의 칼슘 때문에 더욱 견고한 겔을 형성해서 식품의 안정제, 농화제, 분산제, 겔화제로 이용된다.

3) CMC(Carboxy Methl Cellulose)

셀룰로오스의 유도체로 백색, 유백색의 분말, 섬유상의 물질로 맛과 냄새가 없다. 냉수나 뜨거운 물에 잘 녹으며 산에 대한 저항력은 약하고 pH 7에서 효과가 가장 좋다.

4) 젤라틴(Gelatin)

5~10배의 물에 팽윤하고 끓는 물에만 용해되며 냉각하면 단단하게 굳어진다. 너무 오래 끓이면 변화해서 냉각시켜도 겔화되지 않는다. 산성용액에서 가열하면 화학적으로 분해되어 겔화 능력을 상실하게 된다.

5) 구아검(Guar gum)

콩과식물인 구아에서 얻으며 백색이나 황백색이고 거의 냄새가 없다. 뜨거운 물에 분산하면 점조액이 되는데 물에 분산한 뒤 2시간 후면 점도가 강해지고 24시간 후면 점도가 최고조에 이른다.

6) 아라비아검

콩과식물에서 얻으며 물에 서서히 녹아 산성을 띠는 점조액이 되는데 시간이 경과하면 점도가 떨어진다. 찬물에 잘 녹으며 견고한 겔을 형성하지 않는다.

7) 펙틴

펙틴은 원래 야채나 과일의 세포벽이나 세포질 속에 있는 것으로 세포의 딱딱함을 조절하거나 세포의 모양을 형성하게 하는 중요한 역할을 하는 물질이다. 잼을 만들 때 사용하며 잼은 과일, 야채에 대량의 설탕을 넣고 끓여 만든 것으로 독특한 걸쭉함이 있는 가공식품이다. 이 걸쭉함이 있는 과일과 야채 안에 펙틴이라 불리는 천연 겔화제가 풍부하게 함유되어 있기 때문에 잼이 만들어지는 것이다. 잼이 만들어지는 원리는 과일이 익어감에 따라 펙틴의 양이 증가해 대량의 설탕과 강한 산이 생기면서 젤리상태의 그물구조를 만들기 때문이다.

(6) 과일(Fruits)

과일은 적당한 단맛과 신맛, 색조, 신선한 향을 갖고 있어 식욕을 증대시키며, 영양가는 물론 인간이 제일 선호하는 식품 중 하나이다.

과일의 영양가는 종류에 따라 차이가 있으나 전반적으로 단백질과 지방이 적고 수분이 많다.

잘 익은 과일에는 당분이 많이 들어 있어 단맛이 나고 무기질과 비타민이 풍부하다. 디저트에 있어서 필수이며 각 과일의 특색을 살려 디저트에 잘 접목시키면 아주 좋은 디저트를 만들 수 있을 것이다.

1) 과실류

① 사과(Apples)

사람들은 250만 년 전부터 사과를 즐겨 먹었다. 고대 그리스인들은 기원전 300년에 여러 품종의 사과나무를 길렀으며 로마인들도 사과를 즐겨 먹었다.

로마는 유럽을 정복하면서 사과나무를 전파하였다. 이리하여 전 세계적으로 사과가 보급되었다.

현재의 재배된 사과는 절반이 과육으로 소비되고 나머지는 가공품으로 주스, 잼, 소스, 술, 식초 등으로 사용되며 제과제빵에는 널리 사용되는 품목 중 하나이다. 치즈와 곁들여 먹기도 하며 샐러드에도 사용된다. 디저트로는 애플파이가 유명하다.

② 배(Pear)

서양배는 미국, 칠레, 유럽, 호주 등에서 재배한다. 양과자에 주로 이용한다.

중국배는 중국 만주 남부에 위치한 후난성 북부에서 재배하며, 과즙이 풍부하여 중국에서 디저트로 자주 이용한다.

동양배는 일본 북부와 한국 남부에서 주로 재배하며 과육용으로 쓰인다.

숙취에 좋고 기관지질환에 효과가 있다. 배변과 이뇨작용이 있다. 디저트로는 양배 타르트가 있으며 와인에 절인 배 무스도 있다.

③ 체리(Cherries)

체리는 전 세계적으로 1,000종이 있다. 우리나라에선 같은 과일로 버찌가 있다. 칠레 및 남중미와 미국 캘리포니아 오리건주에서 많이 생산된다. 체리는 맛이 단것과 신것이 있다. 단맛이 나는 것은 과육으로 먹고 신맛이 나는 것은 저장용으로 만들어 사용한다. 붉은 체리에는 안토시아닌 성분이 많아 소염효과도 볼 수 있다. 미국에서는 스테이크에 체리를 곁들여 먹는다.

체리는 암 예방식품으로도 기대를 모으고 있다. 디저트에서는 주로 체리쥬빌레, 파이류, 아이스크림 등에 사용하며 요즘은 케이크 위에 데코용으로 사용한다.

④ 살구(Apricot)

원산지는 동아시아이며 현재 캘리포니아, 지중해, 남아시아에서 널리 생산되고 있다.

살구는 동양계와 서양계로 나누어진다. 동양계는 신맛이 나고 서양계는 신맛이 적은 게 특징이다. 살구는 비타민 A와 비타민 C 그리고 칼륨이 풍부하다.

생살구나 말린 살구 등을 그대로 먹거나 잼, 파이, 푸딩 등을 만들어 먹는다. 요즘은 생퓌레가 생산되어 무스나 소스 등에도 주로 사용한다. 술 만드는 데도 사용한다.

⑤ 자두(Plum)

자두는 서양자두, 동양자두, 미국자두 등의 3가지 품종으로 나눈다.

서양자두는 아시아 남서부가 원산지이며 유럽에서 주로 생산된다. 말려서 프룬을 만들고 주스 및 저장용으로 쓰인다.

동양자두는 과육으로 먹거나 잼용으로 사용한다.

우리나라에서도 5~9월까지 생산되며 녹색, 자주색, 붉은색, 노란색 등 종류에 따라 맛과 향이 다르다. 자두는 씨를 제거하고 파이나 타르트, 케이크 등에 사용한다.

⑥ 복숭아(Peach)

중국이 원산지이며 중세에 유럽에 전파되었다. 그 후 미국으로 전파되어 지금은 미국이 최대 생산국가이다. 복숭아는 주로 과육으로도 먹으며 통조림으로 가공되는 양도 많다. 냉동되거나 말려서 판매되기도 한다. 우리나라에서는 속살이 하얀 백도와 노란 황도가 주종을 이룬다.

빵이나 케이크 데코용으로 쓰이며 잼, 무스, 아이스크림에도 사용된다.

⑦ 천도복숭아(Heavenly peach)

복숭아의 일종이며 털이 없고 매끈한 것이 특징이다.

외국에서는 생과육으로 먹으며 미국 북부에서는 주로 주스로 마시며 통조림용으로 사용된다.

원산지는 중국이며 유럽을 거쳐 미 북부가 지금은 주된 생산지로 꼽히고 있다.

샤벳(셔벗)이나 소스, 무스, 파이 등에 사용된다.

2) 베리류

① 블루베리(Blueberry)

미국 동부와 캐나다에서 주로 생산되며 지금은 전 세계적으로 베리열풍이 일어 널리 보급되는 실정이다. 진달랫과에 속하는 작물로 열매를 생으로 먹거나 통조림이나 냉동 또는 건조하여 보급되고 있다. 잘 익은 열매는 옅은 파란색이나 검은색을 띠며 표면에 회색 가루가 묻어 있다. 크레페, 와플 등에도 사용하며 빵, 케이크, 샤벳(셔벗), 파이류에도 사용된다.

② 크랜베리(Cranberry)

크랜베리는 미국 원산의 식물 중 하나이다. 이 과일은 플라보노이드로 가득 찬 건강식품이다.

외국에서는 민간요법에서 치유와 요리에 애용되었는데, 키가 작은 관목식물인 크랜베리는 그 모습이 마치 늪에 사는 두루미(cranes)의 머리를 닮았다는 데서 크랜(cranes : 두루미)+berry라고 명명되게 되었다. HDL콜레스테롤 및 항산화성을 높여주는 식품으로 알려져 있다. 잇몸질환과 위궤양, 그리고 암의 위험을 줄여주며 인후염 예방에도 뛰어난 효과가 있다. 크랜베리는 말린 것을 구입하면 일 년 내내 먹을 수 있다. 제과에서는 빵, 머핀에 사용하며, 소스, 주스, 잼, 젤리 등에도 사용된다.

③ 딸기(Strawberry)

딸기는 전 세계적으로 수백 종에 이른다. 지금은 전 세계적으로 재배하고 있다.

야생종딸기를 처음 재배한 때는 로마시대이며 18세기 프랑스에서 미국산 딸기와 칠레산 딸기를 교배해 지금의 상업용 딸기를 개발해서 전파하였다. 우리나라에는 조선

후기에 프랑스에서 들여왔다는 기록이 있다. 요즘은 딸기를 일 년 내내 볼 수 있는데 생산기술이나 보관기술이 발전하면서 딸기를 먹을 수 있게 되었다. 딸기는 여러 용도로 쓰인다. 잼이나 주스, 셔벗, 파이, 디저트류, 무스, 젤리, 케이크 등등 제과 쪽에서는 널리 사용되는 과일 중 하나이다.

④ 산딸기(Wide strawberry)

장미과의 나무딸기로 원산지는 유럽과 아시아이며 과실은 6~7월경에 익고 9~10월경에도 완숙되는 것도 있다. 우리나라에서는 복분자로도 유명하다. 같은 과이지만 종은 다르다. 복분자는 익으면 검은색을, 산딸기는 붉은색을 나타낸다. 산딸기의 열매는 과즙이 많고 색도 고우며 신맛이 약하고 단맛이 강하다. 소스로 사용할 때는 갈아서 씨를 걸러내야 한다. 잼, 주스, 젤리에 사용하며 아이스크림, 샤벗, 파이, 타르트에 사용된다.

⑤ 레드 커런트(Red currant)

이 열매는 온대에서 한대에 걸쳐 자라는 높이 1~1.5m의 작은 나무에서 열린다.
과실은 익으면 붉은색을 띤다. 열매는 5~7cm 정도의 작은 포도 열매처럼 열린다.
맛은 달콤 새콤하다. 신맛이 있기 때문에 잼으로 만들거나 파이 타트(타르트)류에 사용하거나 샤벗이나 아이스크림에도 사용한다. 냉동으로도 유통되므로 요즘은 장식용으로 널리 사용된다.

⑥ 블랙 커런트(Black currant)

유럽이 원산지이며 신맛이 강하고 생식도 가능하지만 주로 와인, 젤리, 소스, 칵테일 등에 사용한다. 블랙 커런트는 비타민 C가 아주 풍부하다. 온대과실 중 g당 비타민 C가 가장 많다.
위의 레드 커런트와 용도는 같다.

⑦ 화이트 커런트(White currant)

위의 레드 커런트와 같은 종으로 흰색을 띠며 향이 좋고 신맛이 강하다.

케이크나 무스, 앙트르메 데코용으로 쓰인다.

⑧ 블랙베리(Blackberry)

미국이 주산지이며 생식은 물론 향과 맛이 뛰어나다. 라즈베리와 같은 분류이다. 씨가 크고 단단하기 때문에 갈아서 씨를 제거하고 사용해야 한다. 우리나라에서는 오디라고도 한다. 잼이나 젤리로 사용되며 요즘은 냉동제품으로 나와 주로 장식용으로 사용된다.

⑨ 포도(Grape)

포도 재배는 기원전 2440년으로 거슬러 올라간다. 우리나라에 포도가 처음 들어온 시기는 고려시대로 보인다. 포도품종은 전 세계적으로 95%가 유럽종이다. 나머지가 미국종이다.

제과제빵에서 중요한 건포도는 완숙한 포도를 햇볕에 말려 건조시킨 것이며 주로 후르츠케이크, 파이 등에 사용한다. 포도를 이용한 제품은 무수히 많다. 와인, 꼬냑, 샴페인 등 모든 가공법에 포도가 사용된다.

3) 감귤류

① 오렌지(Orange)

브라질이 제일 가는 오렌지 생산국이며 미국과 에스파냐가 그다음 생산국이다. 세계에서 생산되는 오렌지의 절반 이상은 농축액이나 통조림으로 가공된다. 나머지는 퓨레(퓌레), 잼, 음료수 등으로 만들어진다.

비타민 C가 풍부하며 오렌지는 디저트에서는 빼놓을 수 없는 과일이다. 껍질은 설탕에 절여 오렌지필을 만들고 속은 주로 무스, 케이크, 앙트르메와 소스로 즐겨 쓰인다.

② 레몬(Lemon)

당분은 없고 신맛이 강해 날로 먹기에는 적합하지 않으나 디저트에는 빠질 수 없다.
껍질은 설탕에 절여 레몬필을 만들고 즙은 케이크 시럽의 향신료나 디저트의 소스로 쓰인다.

요리에서도 생선요리나 샐러드 고기요리에 주로 쓰인다.

③ 라임(Lime)

레몬과 비슷하지만 색깔은 초록색을 띤다. 인도가 원산지이며 지금은 지중해연안, 서인도, 멕시코, 미국에서 많이 재배한다. 칵테일의 데코용으로도 자주 쓰인다. 디저트에서는 무스나 푸딩류에 쓰이며 플레이트 디저트에 장식용으로도 쓰인다.

④ 자몽(Grapefruits)

전 세계의 양식에서 아침식사로 과육을 먹거나 샐러드로도 먹고 주스로도 마신다. 미국이 전 세계 자몽의 60%를 생산하며 쿠바나 남미에서 나머지를 생산한다.

샤벳(셔벗)이나 푸딩에 사용하며 소스에도 사용한다.

⑤ 귤(Mandarin)

귤은 4000년 전에 중국에서 처음 재배되어 지금은 전 세계적으로 널리 퍼져 있다.

주로 생과육으로 먹거나 통조림으로 사용된다. 후르츠 칵테일이나 케이크 데코용, 푸딩류로 주로 사용한다.

4) 열대과일류

① 파인애플(Pineapple)

파인애플은 중남미에서 많이 재배된다. 브라질이 원산지로 알려져 있으며 크리스토퍼 콜럼버스가 이것을 유럽에 전파하였다. 19세기 중반에는 호주, 남아프리카공화국에서 상업적으로 생산하기 시작하였다. 파인애플은 크기와 종류도 여러 가지이다. 생으로도 먹지만 통조림으로도 가공하며 주스 및 말린 것으로도 사용된다. 소화효소 함량이 뛰어나 과식을 하고 난 후에 먹으면 소화가 잘 된다. 무스 및 말려서 가니쉬용으로 사용하며 케이크 및 파이에도 사용한다.

② 바나나(Bananas)

열대지역에서 자라는 영양분이 많은 과일이다. 탄수화물이 많고 인, 칼슘, 비타민

A, C가 들어 있다. 바나나는 칵테일이나 샐러드, 케이크 등에 사용되며 퓌레로 만들어 아이스크림, 우유 등에도 사용된다. 바나나는 여러 용도로 조리하는데 구워서 먹거나 튀기거나 말려서 먹기도 한다.

③ 망고(Mango)

망고는 4000년 전 인도에서 처음 재배되어 18~19세기경 열대지역으로 전파되어 지금은 상업적으로 브라질, 멕시코, 필리핀, 미국 등지에서 재배되고 있다.

열대과일의 왕이라고도 한다. 망고는 타원형의 둥근 모양을 하고 있으며 내부 속살은 진한 노란색을 띤다. 생과육으로도 사용되며 퓌레 및 냉동 그리고 말려서도 유통된다. 앙트르메나 케이크, 파이, 주스, 샤벳, 아이스크림류에 사용된다.

④ 코코넛(Coconut)

코코넛은 코코야자나무의 열매이다. 크고 둥근 이 열매는 겉피는 딱딱하여 먹지 못하고 내피 안에 있는 하얀 과즙과 과육을 주로 쓴다. 이것을 코코넛 밀크라 한다. 과즙은 코코넛 주스로 쓰고 과육은 기름을 뺀 후 말려서 사용한다. 무스 및 파이로 사용하며 과자 및 쿠키류에도 사용한다.

6. 디저트 도구

(1) 계량컵, 계량스푼(Measuring Cups, Measuring Spoons)

분말, 액상, 과립재료를 계량하는 도구로 디저트 도구 중 필수도구들이다.

(2) 고무 스파츌라(Rubber Spatulas)

볼이나 그릇에서 크림 등을 깨끗이 긁어낼 수 있는 도구이다. 긴 막대형과 짧은 손잡이형이 있다. 그 외 여러 종류가 있지만 뜨거운 것을 긁어낼 때는 앞부분이 실리콘으로 된 것이 좋다.

(3) 스푼(Spoons)

나무, 플라스틱, 스텐 등의 여러 재질이 있다. 쓰는 용도는 각기 다르지만 나무는 뜨거운 것을 사용할 때 쓰고 스텐은 차가운 것을 사용할 때 쓴다.

(4) 제스터(Citrus Zester)

감귤류(오렌지, 레몬, 자몽)의 껍질을 긁어낼 때 사용한다. 데코용이나 가는 껍질을 절여 사용할 때 필요한 도구이다.

(5) 파이 커터(Wheel cutter)

4분할형과 일자형 및 주름형이 있다. 한번에 같은 양을 재단할 때 사용한다.

(6) 커터기(Cutters)

여러 가지 모양과 크기가 있으며 보통 생지를 분할하거나 모양을 낼 때 쓰인다.

(7) 페스츄리 붓(Pastry brush)

시럽을 바르거나 계란물, 잼, 버터 등을 제품에 바를 때 사용한다. 일반 붓과 실리콘

붓이 있다.

(8) 원형채(Chinoise)

재질은 스텐이며 체의 넓이(규격)에 따라 사용처가 다르다.

(9) 거품기(Whisk)

주로 거품을 내거나 재료를 혼합할 때 사용한다. 거품을 낼 때는 한쪽으로만 저어야 거품이 잘 난다.

(10) 멜론볼러(Melon baller)

과일의 동그란 모양을 낼 때 사용한다. 크기별로 있으며 미니 아이스크림이나 샤벳 (셔벗)을 뜰 때도 사용한다.

(11) 스파츌라(Spatula)

팔레트 나이프라고도 하며 일자형과 L자형이 있다. 크림이나 잼을 바를 때는 일자 형을 쓰며 작업효율에 알맞게 사용해야 한다.

(12) 밀대(Rolling pin)

반죽을 밀어펼 때 사용하는 도구이다. 파이나 타트를 밀 때 사용하며 크기에 따라 용도에 맞추어 사용한다.

(13) 레몬주서(Lemon squeezer)

소량의 주스가 필요할 때 사용한다. 오렌지, 레몬 등을 절반으로 자른 뒤 가운데를 비틀어 누르면 된다.

(14) 짤주머니(Piping bag)

데커레이션할 때 쓰는 기본 도구이며 주머니 앞에 모양깍지를 넣어 사용하는데 깍지 모양에 따라 나오는 모양이 각양각색이다.

(15) 실리콘 몰드(Silicon moulds)

플렉시팬이라고도 하며 같은 모양의 과자나 무스를 만들 때 사용한다. 열을 가해도 달라붙지 않아서 금속몰드보다 사용하기 편리하다.

(16) 금속몰드(Metal moulds)

마들렌이나 쿠키, 머핀몰드 등 다양성은 있지만 코팅이 안 된 것은 기름칠을 해서 사용해야 한다.

(17) 실리콘페이퍼(Silicon paper)

열에 반영구적이며 기름칠을 안 하고 팬에 깔아 사용한다.

(18) 체(Sieve)

체는 쓰임새에 따라 여러 종류가 있고 발의 넓이에 따라 사용법이 다르다. 요즘은 소형으로 자동화된 것도 있다. 소형 체는 데커레이션용으로 중대형을 걸러내는 용도로 쓰인다.

(19) 핸드믹서(Hand mixer)

거품을 올리거나 재료를 혼합할 때 사용한다. 손으로 올릴 때보다 편리하며 시간과 노동력을 절감해 준다.

Dessert Basic Skill

디저트 기초실기

1. 베이직 크림

(1) 기본적인 크림 레시피

1) Crème patissiere : 크렘 파티시에

베이직 크림으로 많이 사용하는 커스터드 크림은 프랑스어로 크렘 파티시에라고 부르며, 그 용어의 뜻과 같이 과자 만들 때 많이 쓰이는 크림을 말한다.

[재료]

우유 400cc · 노른자 96g · 박력분 32g · 설탕A 25g · 설탕B 55g · 버터 20g
바닐라빈 1/2ea

[만들기]

① 냄비에 우유와 설탕A, 바닐라빈을 넣고 끓여준다.

② 볼에 노른자와 설탕B를 넣고 아이보리색이 될 때까지 가볍게 거품을 올려준다.

③ ②에 미리 체 친 박력분을 넣고 섞어준 다음 끓인 우유를 조금씩 넣으며 혼합해준다.

④ ③을 다시 냄비에 옮긴 다음 약한 불에서 걸쭉한 크림상태가 될 때까지 가열한 후 버터를 넣어 잘 섞어준다.

⑤ 완성된 크림은 고운체에 걸러 빨리 식혀준다. 온도를 빨리 내리지 않으면 세균이 들어가기 쉬우므로 주의한다.

2) Crème diplomate : 크렘 디플로미트

프랑스어로 '외교관'이라는 뜻을 나타내는 디플로미트는 커스터드크림과 생크림을 혼합해 만든 크림으로 입안에서 가볍게 녹는 부드러운 크림을 말한다.

[재료]

생크림(엠보그) 175g · 설탕 21g · 키리쉬 3cc · 크렘 파티시에 200g

[만들기]

① 생크림에 설탕을 넣어 80~90%로 올려주고 키리쉬를 넣어 부드럽게 섞어준다.

② 부드럽게 풀어놓은 크렘 파티시에에 ①을 조금씩 넣어 잘 섞어준다. 한번에 많은
양을 섞지 않도록 주의하고, 전체적으로 부드러운 크렘(크림)이 되도록 완성한다.

3) Crème anglaise : 크렘 앙글레이즈

아이스크림과 무스의 기본 베이스나 디저트용 소스로 잘 쓰이는 부드러운 크림으로
타지 않도록 약한 불로 천천히 끓이는 게 중요하다.

[재료]

우유 200cc · 설탕 60g · 바닐라빈 1/2ea · 노른자 40g

[만들기]

① 냄비에 우유와 설탕, 바닐라빈을 넣고 끓여준다.

② 볼에 노른자를 넣고 하얗고 가벼운 크림이 될 때까지 거품기로 섞어준다.

③ 우유가 끓으면 ②에 조금씩 넣어 섞어주고 82도가 될 때까지 약한 불로 천천히
온도를 올려준다. 너무 높은 온도로 가열하면 입안에서 녹는 느낌이 좋지 않기
때문에 주의한다.

4) Meringue italienne : 이탈리안 머랭

흰자 거품을 올릴 때 뜨거운 시럽을 조금씩 넣으며 올리는 방법으로 머랭 거품이 잘
가라앉지 않고 단단한 상태를 유지하는 것이 특징이다. 때문에 식감이 중요한 무스케
이크에 많이 활용되며 뜨거운 시럽이 흰자를 살균해 주는 역할을 하기도 한다.

[재료]

흰자 50g · 설탕A 95g · 설탕B 5g · 물 40cc

[만들기]

① 냄비에 물과 설탕A를 넣고 118도까지 끓여준다.

② ①이 끓기 시작하면 다른 볼에 흰자와 설탕B를 넣고 거품을 올려준다.

③ 118도까지 가열한 시럽을 ②에 조금씩 흘려 넣으면서 거품을 올려준다.

④ 머랭을 들었을 때 부드러운 광택을 내며 끝부분이 서는 상태가 되면 완성이다.

5) Pate a bombe : 파트 아 봄브

노른자 살균을 위해 뜨거운 시럽을 노른자에 조금씩 넣으며 거품을 올리는 방법으로 버터와 섞어 버터크림을 만드는 데 주로 사용된다.

[재료]

물 50cc · 설탕 125g · 노른자 80g

[만들기]

① 냄비에 설탕과 물을 넣고 115도까지 끓여준다.

② 노른자는 조금 가볍게 올라올 정도까지 거품을 올려준다.

③ 115도까지 온도가 올라온 시럽을 ②에 조금씩 흘려 넣으면서 거품을 부드럽게
   올려준다.

6) Gananche : 가나슈

[재료]

생크림(엠보그) 100g · 초콜릿(만자리 64%) 240g · 버터(레스큐어) 15g · 럼 15cc

[만들기]

① 냄비에 생크림을 끓인다.

② 칼로 다진 초콜릿이 담긴 볼에 끓인 생크림을 조금씩 넣어 부드럽게 섞어준다.

③ 부드러운 크림상태(포마드)가 된 ②에 버터를 넣어 섞는다.

④ ③에 럼을 넣어 혼합한 후에 사용한다.

7) Crème d'amande : 크렘 아망드(아몬드 크림)

[재료]

아몬드 파우더 110g · 분당 105g · 버터(레스큐어) 110g · 중력분 150g

전란 115g

[만들기]

① 버터를 부드럽게 풀어준 뒤 분당을 섞어 크림화한다.

② ①에 달걀을 조금씩 넣어 천천히 섞어준다.

③ ②에 체 친 중력분과 아몬드 파우더를 잘 섞어준다.

2. 베이직 스펀지

(1) 케이크에 많이 활용되는 스펀지케이크-파트 드 제누아즈(시트편)

1) Genoise : 제누아즈

[재료]

전란 200g · 설탕 133g · 박력분 80g · 녹인 버터 15g · 우유 20g

[만들기]

① 전란과 설탕을 믹서에 넣고 아이보리색이 될 때까지 고속으로 충분히 거품을 올려준다.

② ①에 체 친 박력분을 넣어 가볍게 섞은 후 가루가 거의 보이지 않을 때쯤 뜨거운 물에 중탕으로 녹인 용해버터를 넣고 조심스럽고 신속하게 섞어준다.

③ 미리 준비해둔 2호 원형팬에 반죽을 팬닝한 후 180/170도 오븐에 20분 정도 구워준다.

2) Genoise chocolat : 제누아즈 쇼콜라

[재료]

전란 200g · 설탕 133g · 박력분 60g · 코코아 파우더(발로나) 20g

버터(레스큐어) 20g · 우유 24cc

[만들기]

① 믹서기에 전란과 설탕을 넣고 아이보리색이 될 때까지 고속으로 충분히 거품을 올려준다.

② 미리 체 친 코코아 파우더와 박력분을 ①에 같이 넣고 가볍게 섞어준다.

③ 가루가 거의 보이지 않을 때쯤 뜨거운 물에 중탕으로 함께 데운 우유와 용해버터 (약 50도)를 ②에 넣고 조심스럽고 신속하게 섞어준다.

④ 미리 준비해둔 2호 원형팬에 반죽을 팬닝한 후 180/170도 오븐에 20분 정도 구워준다.

(2) Pâte a biscuit : 파트 아 비스퀴(아몬드 파우더 베이스 비스킷 반죽)

아몬드 파우더가 들어간 비스퀴 시트 반죽에 버터가 듬뿍 들어간 배합으로 아몬드의 향을 강하게 느낄 수 있는 시트이다.

1) Biscuit almond : 비스퀴 아몬드

[재료]

아몬드 파우더 108g · 분당 108g · 전란 53g · 노른자 24g · 흰자A 11g · 물 11cc

바닐라 오일 조금 · 박력분 22g · 버터(레스큐어) 82g · 흰자B(머랭용) 40g

설탕 8g

[만들기]

① 볼에 흰자A와 물을 담고 아몬드 파우더와 분당을 조금씩 넣어 잘 혼합해 준다.

② ①에 전란과 노른자를 조금씩 넣고 잘 섞어주면서 반죽이 하얗게 될 때까지 잘 섞어준다.

③ 깨끗한 볼에 흰자를 넣고 거품이 조금 올라오면 설탕을 2회에 나누어서 투입한 후 머랭 끝이 약간 휘어지는 정도(80%)까지 거품을 올려준다.

④ ②에 미리 체 친 박력분을 넣어 덩어리지지 않게 풀어준 후 머랭을 3회에 나누어 투입하고 가볍게 섞어준다.

⑤ 뜨거운 물에 중탕으로 미리 녹인 용해버터(50도 정도)를 조심스럽게 혼합해 준다.

⑥ 실리콘페이퍼를 깔아둔 평철판에 반죽을 얇게 팬닝한 후 180/170도 오븐에 10~15분 정도 구워준다.

2) Pâte a dacquoise a lamande : 파트 아 다쿠아즈 아 아몬드

[재료]

흰자 132g · 설탕 32g · 아몬드 파우더 98g · 분당 67g · 박력분 10g

[만들기]

① 믹서 볼에 흰자를 먼저 풀어주고 50% 정도 거품이 올라오면 설탕을 2번에 나누어서 거품을 머랭 끝이 약간 휘는 정도(80%)까지 올려준다.

② ①에 미리 체 친 아몬드 파우더와 분당을 넣고 가볍게 섞어준다.

③ 실리콘페이퍼를 깔아둔 철판에 반죽을 얇게 펴고 분당을 2~3번 정도 뿌려준 다음 180/170도 오븐에 15분 정도 구워준다.

3. 타르트 생지

1) Pâte sucree : 파트 쉬크레

[재료]

버터 147g · 분당A 74g · 소금 1g · 아몬드 파우더 25g · 분당B 25g · 전란 54g
박력분 245g

[만들기]

① 스텐볼에 버터를 넣고 부드러운 포마드 상태로 풀어준다.

② ①에 분당A를 넣고 섞어준 다음 미리 체 친 아몬드 파우더와 분당B를 차례대로
섞어준다.

③ ②에 계란을 조금씩 나누어 넣고 거품기로 섞어준다.

④ ③에 미리 체 친 박력분을 넣고 한 덩어리로 뭉쳐지면 비닐에 담아 평평하게 펴
준 후 냉장고에서 약 3시간 동안 휴지시킨다.

2) Pâte a foncer : 파트 아 퐁세

버터와 설탕, 달걀, 박력분 등을 가볍게 섞어서 만든 바삭한 타르트 생지이다.

[재료]

박력분 292g · 설탕 80g · 소금 4g · 버터(레스큐어) 187g · 노른자 53g · 물 7cc

[만들기]

① 볼에 가루 재료(박력분, 설탕, 소금)와 버터를 넣고 스크래퍼로 버터를 잘게 다
진다.

② ①번 반죽이 콩알만 한 버터 덩어리와 밀가루가 약간 남아 있는 소보루 상태가
될 때까지 섞어준다.

③ ②번 반죽에 계란과 물을 한꺼번에 넣고 가루가 보이지 않게 한 덩어리로 뭉쳐
   준다.

④ ③번 반죽을 비닐에 담아 평평하게 펴준 후 냉장고에서 약 3시간 동안 휴지시
   킨다.

4. 퍼프 페스츄리 도우

버터를 감싼 반죽을 얇게 밀어펴고 접는 과정을 여러 번 거치며 반죽과 얇은 버터
층이 서로 교차를 이뤄서 여러 겹의 층을 만들고 오븐에서 유지 팽창에 의해 겹겹이
바삭한 파이생지의 식감을 내는 반죽이다.

[재료]

박력분 250g · 강력분 250g · 버터(레스큐어) 50g · 우유 113cc · 얼음물 113cc
설탕 10g · 소금 11g · 충전용 버터(레스큐어) 400g

[만들기]

① 우유와 냉수에 설탕과 소금을 함께 넣고 완전히 녹을 때까지 거품기로 잘 섞어
   준다.

② 차갑게 식힌 대리석 작업대 위에 밀가루를 산처럼 쌓고 중심으로부터 조금씩 넓
   게 펴나가면서 도넛 상태로 만들어준다. 차가운 버터를 1cm 크기의 각으로 잘라
   서 밀가루와 섞어둔다.

③ 중심에 ①을 넣고 가루와 잘 섞이도록 해준 다음 반죽에 10자로 칼집을 넣고 비
   닐에 싸서 냉장고에서 휴지시킨다.

④ 휴지한 반죽을 충전용 버터 크기에 맞춰 일정한 두께의 사각형 모양으로 밀어편 후 버터를 잘 감싸고 모서리를 직각으로 일정하게 밀어편다.

⑤ 20~30분간 냉장휴지 후 덧가루를 털어낸 뒤 밀어펴고 3겹 접기를 4번 반복한다.

⑥ 마지막 휴지한 반죽은 두께 0.8~1cm의 직사각형을 일정하게 밀어편 후 원하는 모양으로 재단하여 팬닝한다.

⑦ 200/180도에서 15~20분간 오븐에 굽는다.

5. Pâte a Choux : 빠떼 아 슈

[재료]

물 100cc · 버터(레스큐어) 46g · 설탕 2g · 소금 1g · 박력분 60g · 전란 106g

[만들기]

① 냄비에 물, 버터, 설탕, 소금을 넣고 버터가 다 녹을 때까지 끓인다.

② ①에 체 친 박력분을 넣고 덩어리가 지지 않도록 거품기로 빨리 저어준다.

③ 생지가 하나로 뭉쳐지면서 냄비의 바닥에서 분리되면 불을 꺼준다.

④ 반죽을 약간 식힌 후 달걀을 조금씩 넣으면서 잘 혼합하여 알맞은 되기를 맞춘다.

⑤ 슈반죽을 주걱으로 떴을 때 사진처럼 3~4초 간격으로 천천히 떨어지는 상태가 가장 좋다.

⑥ 슈반죽은 달걀 투입 시 알맞은 되기를 확인하면서 레시피의 계란을 약간 남기거나 추가하여 적정한 되기를 맞춰 완성한다.

Dessert Decoration

III

디저트 데커레이션

1. 초콜릿 데커레이션

(1) 템퍼링의 필요성과 방법

1) 템퍼링이란?

템퍼링은 쉽게 말하면 온도조절이다. 초콜릿을 코팅하거나 틀에 넣어 굳히는 작업을 할 경우, 단순히 녹이는 것만으로 광택이나 녹는 식감이 좋지 않은 초콜릿이 된다. 그래서 필요한 것이 온도조절 또는 템퍼링(tempering) 작업이라 한다.

초콜릿에 함유된 카카오 버터는 모두 다른 성질을 가진 여러 분자들로 구성되어 있다. 성질이 다른 제각각의 분자를 가장 좋은 상태로 결정화시켜 안정성이 좋은 제품을 만들기 위한 작업이 템퍼링(온도조절)이다.

2) 템퍼링의 필요성

초콜릿에서 템퍼링은 시각적으로 윤기가 나고 입안에서 부드럽게 잘 녹게 하기 위한 것이다. 또한 초콜릿을 틀에 부어 가공할 때 다 굳힌 초콜릿이 틀에서 잘 떨어지도록 하여 작업성도 좋아진다.

3) 템퍼링 방법

- 초콜릿을 녹이기 위해 먼저 카카오 버터의 분자를 분리하기 위해 온도를 올린다. 이로써 초콜릿은 주르륵 흐르는 액상 상태가 된다.
- 이후, 각 분자가 안정된 상태로 결합할 수 있도록 초콜릿의 온도를 조절한다.
- 결정화된 초콜릿은 딱딱해지므로 작업을 용이하게 하기 위해 조금 데워서 온도를 올린다.

주의사항 중탕에서의 작업을 위해 주의가 필요하며, 물, 수증기의 혼입을 방지하여 더욱 안정적인 과정을 유지한다.

① 수냉법

초콜릿을 40~50도 정도로 중탕으로 녹인 후 차가운 물에서 27도까지 낮춘 다음 다시 30~32도로 초콜릿 온도를 올린다.

주의 사항 초콜릿에 수분이 들어가는 것을 막기 위해 중탕물을 조리하는 용기는 거의 꼭 맞는 볼을 준비한다.

② 대리석법

초콜릿을 40~45도로 녹인 뒤 전체의 2/3를 대리석 위에 부어 조심스럽게 혼합하여 초콜릿이 약 27도 전후로 냉각되어 점도가 세어질 때, 남은 1/3의 초콜릿에 넣어 같이 녹여 모든 초콜릿의 온도가 30~32도가 되도록 맞춘다.

주의 사항 대리석 온도는 15~20도가 이상적임

③ 접종법

초콜릿을 40~60도 사이로 완전히 녹인 다음 잘게 다진 1/3양의 초콜릿을 더해 약 30~32도까지 온도를 낮춰준다.

(2) 템퍼링 온도

탕페라주의 초콜릿 온도 설정은 사용된 초콜릿의 종류에 따라 다를 수 있으며 밀크 초콜릿이나 화이트 초콜릿에 함유된 유지방분은 초콜릿의 결정화를 억제하는 특성이 있기 때문에, 다크 초콜릿에 비해 온도를 약간 낮추는 것이 좋다.

초콜릿의 제조사나 카카오 함량 등 특성을 고려하여 적절한 온도로 설정하여 탕페라주를 만들면 최적의 결과를 얻을 수 있다.

	녹이는 온도		냉각온도		템퍼링 온도
화이트 초콜릿	40℃	⟶	25℃	⟶	27~28℃
밀크 초콜릿	45℃	⟶	25℃	⟶	29~30℃
다크 초콜릿	50℃	⟶	27℃	⟶	31~32℃

(3) 블룸현상

1) 팻블룸(Fat bloom)

팻블룸 현상에 대한 설명을 감안하면 템퍼링이나 저장 시 주의가 필요하며, 이를 방지하기 위한 몇 가지 조치를 취할 수 있다.

- 정확한 템퍼링 : 템퍼링을 정확하게 수행하여 초콜릿 내의 카카오 버터 분자들이 일관된 속도로 고화되도록 한다.
- 적절한 보관 : 제품을 저장할 때는 온도 변화가 심한 곳을 피하고, 안정적인 온도와 습도를 유지하는 것이 중요하다.
- 충분한 고화시간 : 충분한 고화시간을 확보하여 모든 지방이 일관되게 결정화되도록 한다.
- 적절한 취급 : 제품을 다룰 때는 부드럽게 다뤄야 하며, 특히 온도 변화를 피하고 완전한 결정화를 위해 신경 써야 한다.
- 적절한 보관온도 : 팻블룸을 방지하기 위해서는 제품을 적절한 온도에 보관하는 것이 중요하다. 너무 높거나 낮은 온도에서 보관하지 않도록 주의해야 한다.

이러한 조치들을 통해 템퍼링의 정확성을 높이고, 제품을 안정적으로 저장함으로써 팻블룸 현상을 최소화할 수 있다.

2) 슈거블룸

고화한 초콜릿 표면에 생기는 회색반점(결정) 현상은 습도가 높은 장소에서 오랫동안 방치하거나 급작스런 온도 변화가 있는 경우에 발생할 수 있으며, 표면에 물방울이 떨어져 초콜릿 내의 설탕을 용해하고, 이후 수분이 증발하면 설탕이 표면에서 재결정되어 반점이 형성된다. 이러한 현상을 방지하기 위해서는 다음과 같은 조치가 필요하다.

- 적절한 보관 환경 : 초콜릿을 보관할 때는 습도가 높은 장소나 급작스러운 온도 변화가 있는 환경을 피하고, 안정된 환경에서 보관한다.

- 온도 조절 : 급작스러운 온도 변화를 피하기 위해 보관 및 전송 시에 적절한 온도를 유지한다.
- 포장 및 봉투 사용 : 초콜릿을 적절한 포장으로 보호하고, 봉투 등을 사용하여 습기를 차단한다.
- 빠른 소비 권장 : 제품을 빠르게 소비하고, 가능하다면 신선한 상태에서 유지하도록 한다.

이러한 조치를 취함으로써 초콜릿의 품질을 보호하고, 회색반점이 나타나는 슈거블룸 현상을 최소화할 수 있다.

(4) 장식물 만들기

1) 부채 만들기

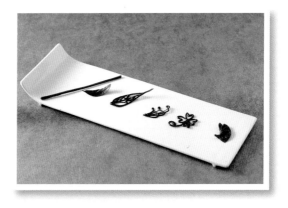

템퍼링한 초콜릿을 대리석 작업대 위에 얇게 펴고 스크래퍼를 이용하여 반원 모양으로 긁어 주름을 넣어준다.

2) 반링 만들기

비닐 필름에 초콜릿을 펴고 지문이 묻어날 때쯤 칼로 모양을 그려준 뒤 굳기 전에 반원 모양으로 잡아준다.

3) 시가렛 초콜릿

대리석 작업대에 먼저 다크 초콜릿으로 실선을 그어주고 그 위에 화이트 초콜릿을 얇게 펴바른 다음 스크래퍼로 동그랗게 말아준다.

4) 스프링 만들기

필름 위에 초콜릿을 얇게 펴고 삼각콤을 이용해 실선을 그어주고 굳기 전에 원형으로 말아준다.

2. 설탕 데커레이션

(1) 설탕공예를 위한 기본 도구

1) 냄비

설탕공예에서는 동냄비가 전통적으로 사용되지만, 동냄비는 관리가 어렵고 표면의 화학적 반응이 발생할 수 있어 최근에는 스테인리스 냄비를 선호하는 추세이다. 스테인리스 냄비는 내식성이 강하고 부식이 적어서 오랫동안 사용 가능하며, 설탕을 다룰 때 발생할 수 있는 화학적 반응에 강하여 관리가 간편하며 다양한 조리 용도에 활용할 수 있다.

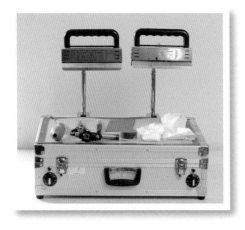

2) 온도계

온도계는 200℃ 이상 표시가 가능하고, 온도를 잴 때 세워서 사용할 수 있는 설탕공예용 온도계가 많이 쓰인다.

3) 전열기

전열기나 가스레인지는 설탕 시럽을 끓이기 위해 필요하며, 냄비 겉면부터 빠르게 온도가 높아지는 가스레인지보다 온도가 균일하게 전달되는 전열기가 설탕 시럽을 안정적으로 끓일 수 있다.

4) 고무장갑

설탕공예 반죽은 뜨겁고 끈적끈적하기 때문에 작업할 때 손에 딱 맞는 고무장갑이 필요하고, 손가락으로 반죽을 잡아당기면서 작업하기 때문에 손가락 부분에 무늬가 없는 매끈한 것이 좋다.

5) 국자

국자는 설탕 시럽을 끓일 때 시럽 윗면에 생기는 불순물을 걷어낼 때 필요하다. 크기나 종류는 크게 상관이 없다.

6) 붓

붓은 설탕을 끓일 때 결정이 생기는 것을 막기 위해 냄비 옆면에 물을 묻히거나 닦는 데 필요하며 크기나 종류는 상관없이 사용할 수 있다.

(2) 설탕 반죽 만들기

1) 설탕 시럽 끓이기

[재료]

설탕 1,000g · 물 300cc · 물엿 150g(글루코오스로 대체 가능)

주석산 0.5g(2~3방울)

[만들기]

① 냄비를 저울 위에 올리고 물을 먼저 계량한 후, 냄비 옆면에 설탕이 묻지 않도록 조심스럽게 설탕을 넣고, 마지막으로 물엿을 추가한다.
   - 물을 먼저 넣음으로써 설탕이 미리 녹아서 섞이지 않아도 바로 끓여서 사용할 수 있다.

- 설탕이 냄비 옆면에 묻어 있으면 끓일 때 탈 수 있으므로 주의한다.

② ①이 끓기 시작하면 윗면에 생기는 불순물을 걷어낸다.

③ 냄비 옆면에 튀는 설탕을 물에 적신 붓으로 닦아내며 165℃까지 끓여준다.

- 물엿을 끓기 전에 넣으면 설탕이 물과 섞이는 것을 막아 나중에 결정이 생기게 된다.

④ 165도가 되면 주석산을 2~3방울만 넣는다.

- 미리 넣으면 설탕이 타버릴 수 있으므로 마지막에 넣어준다.

⑤ 색소를 넣을 경우 160도일 때 넣어준다.

2) 설탕 반죽하기

[재료]

설탕 1,000g · 물 300cc · 물엿 150g(글루코오스로 대체 가능) · 주석산 0.5g(2~3방울)

[만들기]

① 끓인 설탕 시럽을 실리콘페이퍼 위에 붓는다.

② 실리콘페이퍼 위에 부은 설탕 시럽은 가장자리부터 굳기 시작하기 때문에 굳기 전에 안으로 조금씩 말아 넣어준다.

- 가장자리가 완전히 굳은 다음에 섞으면 나중에 결정이 남게 된다.

③ 설탕 반죽 가장자리를 계속 안으로 말아 하나로 뭉쳐지면 바닥에 닿는 면이 식기 때문에 뜨거운 부분을 뒤집어 접으면서 치대는 과정을 반복해 반죽 온도가 고르게 식으면서 뭉치게 한다.

(3) 장식물 만들기

1) 쉬크르 티레 : 당기기 기법(Sucre tire)

쉬크르 티레(Sucre Tire)의 '티레(tire)'는 '잡아당기다'라는 의미를 가지고 있다. 쉬크르 티레는 '잡아당긴 설탕'이라는 의미로, 설탕공예 기법 중 당기기 기법을 나타낸다.

이 기법은 설탕 반죽을 반복적으로 당기는 과정을 통해 설탕 반죽에 광택을 부여하는 기법으로, 주로 설탕공예 작품에서 꽃, 잎사귀, 줄기, 날개 등을 만들 때 활용된다. 이 기술은 설탕공예 작품에 기술적이고 화려한 꾸미기 효과를 주어 설탕 조각물에 아름다움을 더한다.

① 선 뽑기

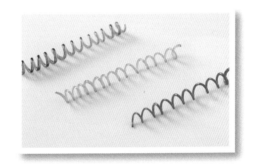

- 설탕 반죽을 꼬집듯이 엄지를 이용해 꼬집어 길게 잡아당긴다.
- 길게 잡아당긴 설탕 반죽을 가위로 잘라준다.
- 설탕이 차갑게 굳기 전에 원하는 모양으로 구부려준다.

② 노란색과 연두색 설탕 반죽을 각각 막대 모양으로 만들어 안쪽에 연두색, 바깥쪽에 노란색 반죽을 붙인다.

2) 쉬크르 크리스털기법

설탕반죽을 끓여서 굳힌 다음 믹서기로 곱게 갈아준 가루를 실리콘페이퍼를 깔고 원형틀 안에 넣어 설탕알갱이를 가열하면 다시 녹으며 완성된다.

3) 쉬크르 휘레기법

① 설탕을 끓인 다음에 막대기나 쇠자로 고정대를 만들고 포크나 끝을 잘라낸 거품기에 시럽을 묻힌 후 실타래를 만드는 느낌으로 설탕을 가늘고 길게 흘려준다.

② 실타래가 소복이 쌓이면 손으로 원하는 크기로 동그랗게 모양을 만든다.

4) 거품기법

쉬크르 불레 기법은 거품기법으로 주로 꽃 장식이나 신비스러운 느낌을 전할 때 많이 사용된다. 이 기법은 얇고 기공이 많아 마치 거품 같은 느낌이 나며, 파라핀 처리된 종이나 부드러운 실리콘 패드에 알코올을 뿌린 후 설탕 시럽을 부으면 화학 반응으로 기공이 생성된다.

설탕 시럽이 뜨거울 때 작업하면 거품 모양이 잘 나타나고 적은 양으로 얇게 만들어야 기공이 많고 얇은 모양이 예쁘게 완성된다.

3. 일반 데커레이션 장식물

(1) 허니 비스킷

[재료]

설탕 56g · 버터(레스큐어) 36g · 꿀 25g · 박력분 28g

[만들기]

① 볼에 버터를 넣어 부드럽게 풀어주고 설탕과 꿀을 넣고 섞어준다.

② 체 친 박력분을 ①의 반죽에 섞어준다.

③ 180℃/180℃ 오븐에서 굽는다.

(2) 파니야

[재료]

버터(레스큐어) 65g · 흰자 62g · 분당 75g · 박력분 80g · 생크림 10g

[만들기]

① 버터를 부드럽게 풀어준 뒤 체 친 분당을 섞어준다.

② 흰자를 조금씩 넣으면서 거품기로 섞어준다.

③ 흰자가 다 섞이면 생크림을 같이 섞고 체 친 박력분도 섞어준다.

④ 180℃/180℃ 오븐에서 굽는다.

⑤ 쿠키가 굳기 전에 따뜻할 때 모양을 빨리 잡아준다.

(3) 초코 튀일

[재료]

물엿 5g · 코코아 파우더(발로나) 1g · 버터(레스큐어) 12g · 설탕 15g · 우유 5cc
펙틴 1g

[만들기]

① 펙틴과 설탕을 먼저 섞어준 뒤 나머지 재료도 모두 한번에 넣고 끓인다.

② 어느 정도 끓으면 실리콘페이퍼에 적당량을 덜어주고 카카오니브를 뿌려준다.

③ 180℃/180℃에서 약 5분간 구워준다.

(4) 레몬 콩피

[재료]

물 200cc · 설탕 80g · 레몬 1ea

[만들기]

① 레몬을 얇게 슬라이스해 미리 준비한다.

② 물과 설탕을 섞어서 끓여준다.

③ 물과 설탕이 끓으면 레몬 슬라이스를 넣고 졸여준다.

④ 레몬이 투명해질 때까지 졸인 다음 실리콘페이퍼에 펴서 놓는다.

⑤ 100℃/100℃에서 1시간 동안 굽는다.

- 레몬 과육이 찢어지지 않도록 너무 얇게 하지 않도록 하고 레몬에 물과 설탕이 스며들 때까지 졸여준다.

4. 소스 데커레이션

(1) 바닐라 소스

[재료]

우유 100cc · 노른자 47g · 생크림(레스큐어) 67g · 설탕 21g · 바닐라빈 소량

[만들기]

① 우유와 생크림을 냄비에 넣고 끓인다.

② ①에 노른자, 설탕, 바닐라빈을 넣고 약한 불로 앙글레이즈 상태가 되도록 가열한다.

③ 소스를 고운체에 내려서 식힌다.

(2) 망고 패션 소스

[재료]

설탕 25g · 물 25cc · 망고 퓌레(아다망스) 100g · 패션 퓌레(아다망스) 30g

[만들기]

① 망고 퓌레와 패션 퓌레를 한번에 넣고 끓인다.

② 소스의 되기가 적당해지면 덜어서 식힌다.

(3) 캐러멜 소스

[재료]

설탕 50g · 생크림(레스큐어) 50g · 럼 2cc

[만들기]

① 설탕은 원하는 색이 나도록 캐러멜화한다.

② 생크림은 따뜻하게 데운 후 캐러멜화한 설탕에 조금씩 넣어준다.

③ 럼은 마지막에 넣어준다.

(4) 녹차 화이트 소스

[재료]

설탕 1g · 생크림 40g · 녹차(클로렐라 함유) 1g

화이트 초콜릿(이보아르 35%) 40g

[만들기]

① 설탕과 녹차를 섞어준 뒤 생크림을 조금씩 넣으며 가루를 풀어준다.

② 녹여둔 화이트 초콜릿을 넣어서 잘 섞어준다.

③ 필요 시 따뜻할 때 고운체에 걸러 사용한다.

- 설탕과 녹차를 잘 섞어주어야 녹차 덩어리가 쉽게 생기지 않는다.

(5) 후람보아즈(후랑보와즈) 소스

[재료]

설탕 25g · 물 25cc · 산딸기 퓌레(아다망스) 100g · 딸기 퓌레(아다망스) 30g

[만들기]

① 산딸기 퓌레와 딸기 퓌레를 한번에 넣고 끓인다.

② 원하는 농도로 졸여지면 덜어서 식힌다.

Basic Dessert

크렙 쉬제트

Crepes Suzette

크렙

재료

- 중력분 67g · 설탕 25g · 소금 1g · 전란 75g · 버터(레스큐어) 10 · 우유 185cc · 럼 5cc
- 바닐라 익스트랙 소량

만들기

❶ 우유 50℃ 데우고 버터 중탕.

❷ 우유에 중력분+설탕+소금+계란을 완전히 섞어준다.

❸ ②에 중탕해 둔 버터와 럼을 혼합한다.

❹ 고운체에 거르기 → 10분간 휴지(거품 제거)

❺ 지름 12~14cm 정도로 팬에서 얇게 부친다.

❻ 부친 크렙에 커스터드크림을 발라준다(한 면씩).

❼ 팬에 오렌지소스를 만들어 1인분에 2쪽 정도 오렌지소스와 함께 데워준 후 접시에 담아낸다. 이때 오렌지 속 필레를 떠서 같이 담아낸다.

오렌지소스 만들기

재료

- 오렌지 주스 500g · 오렌지 2ea · 설탕 100g · 버터(레스큐어) 50g · 그랑 마니에르 30g
- 옥수수전분 20g(물 50g)

만들기

❶ 설탕을 캐러멜화한다.

❷ 여기에 오렌지 주스를 넣어 캐러멜화된 설탕에 서서히 열을 가하여 풀어준다.

❸ 전분을 찬물과 풀어준 후 ②에 첨가하고 버터를 넣어준다.

❹ 오렌지를 필레에 떠서 위에 같이 넣고 그랑 마니에르를 넣고 더운 소스로 사용한다.

크렘 파티시에

재료

- 우유 250cc · 설탕 110g · 전분 10g · 중력 15g · 노른자 35g · 버터 30g · 바닐라빈 1/4ea · 럼 2cc

만들기

❶ 냄비에 우유를 넣고 바닐라빈씨와 함께 65℃로 데운다.

❷ ①의 냄비에 버터를 넣고 녹인다. 70℃ 정도로 올린다.

❸ 볼에 전분, 중력분, 설탕, 계란 노른자를 덩어리 없이 잘 풀어준다.

❹ 70℃의 우유를 ③의 볼에 조금씩 천천히 넣어 잘 섞는다.

❺ 마지막으로 럼을 넣고 반죽을 고운체에 걸러 사용한다.

커스터드 푸딩

Custard Pudding

커스터드 푸딩 만들기

재료

· 전란 2ea · 설탕 44g · 우유 360cc · 바닐라빈 1/2ea · 화이트 럼 2cc

만들기

❶ 우유를 냄비에 넣어 50℃까지 데운다.

❷ 볼에 계란, 설탕, 바닐라빈씨를 넣고 거품기로 잘 섞어준다.

❸ 약간의 크림상태가 되면 우유와 럼을 서서히 넣어준다.

❹ 고운체에 ③을 걸러준다.

❺ ④의 캐러멜 몰드에 체에 걸러낸 액을 나누어 넣는다(80%가 적당).

❻ 150℃ 오븐에서 중탕으로 약 110분 정도 굽는다.

❼ 다 구운 제품은 식힌 다음 틀에서 빼낸다.

❽ 접시에 데코하여 담아낸다.

- -

캐러멜 시럽 만들기

재료

· 설탕 90g · 물 40g

만들기

❶ 설탕과 물을 냄비에 넣고 150℃까지 끓인다.

❷ 적당해지면 황갈색으로 변하는데 소량이기 때문에 금방 타므로 미리 불에서 빼는 게 좋다.

❸ 굽기 전에 몰드컵에 적당량씩 넣는다.

tip · 온도를 올리면 시간은 단축되나 제품 내부가 곱지 않게 나온다.

조지샌드 페스츄리

George Sand Pastry

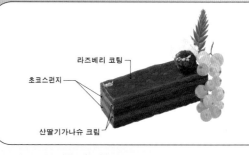

라즈베리 코팅

초코스펀지

산딸기가나슈 크림

초코스펀지 만들기

재료
- 전란 200g • 설탕 133g • 박력분 60g • 코코아 파우더(Valrhona) 20g • 버터 20g • 우유 24cc

만들기
❶ 전란과 설탕을 믹서에 넣고 하얗게 될 때까지 고속으로 돌린다.

❷ 미리 함께 체 친 코코아 파우더와 박력분을 함께 넣고 가볍게 섞어준다.

❸ 가루가 거의 보이지 않을 때쯤 50도 정도로 함께 데운 우유와 버터를 넣고 가볍게 빨리 섞어준다.

❹ 180도 오븐에 20분 정도 구워준다.

산딸기가나슈 크림 만들기

재료
- 생크림(엠보그) 90g • 트리몰린 44g • 다크 초콜릿(만자리 64%) 150g • 밀크 초콜릿(지바라라떼 40%) 100g
- 산딸기 퓌레(아다망스) 120g • 버터 30g

만들기
❶ 생크림을 끓인다. 트리몰린을 넣는다.

❷ 다크, 밀크 초콜릿을 중탕으로 녹여 ①에 섞는다.

❸ 버터를 녹여 ②에 혼합한다. 마지막으로 퓌레를 넣어 반죽을 유화시킨다.

❹ 식혀서 샌드크림으로 바른다.

라즈베리 코팅 만들기

재료
- 냉동라즈베리 100g • 산딸기 퓌레(아다망스) 80g • 오렌지주스 80g • 젤라틴 8g • 설탕 20g

만들기
❶ 오렌지 주스 물에 불린 젤라틴을 중탕한다.

❷ 냄비에 냉동 라즈베리 퓌레, 설탕을 넣고 냉동 라즈베리가 으깨질 정도로 끓인다.

❸ 반죽 ①과 ②를 혼합한다. 기포가 생기지 않게 한다.

tip • 코팅온도는 25℃가 적당하다.

딸기 에그타르트

Strawberry Egg Tart

파이도우

에그타르트 필링

에그타르트 필링 만들기

재료
· 노른자 120g · 우유 120g · 생크림(엠보그) 120g · 설탕 60g · 바닐라빈 1ea

만들기
❶ 우유, 설탕을 넣고 (끓지 않게) 미지근하게 설탕이 녹아 혼합될 때까지만 데워준다.

❷ ①에 노른자, 생크림, 바닐라빈을 넣고 섞어준 뒤 냉장고에 보관한다.

❸ 에그타르트 쉘을 준비하여 8부 정도 채운 다음 오븐에 상 160℃/하 220℃에서 45분간 구워준다.

파이도우

재료
· 중력분 250g · 버터 175g · 소금 2g · 계란 25g · 물 70g

만들기
❶ 믹싱볼에 버터와 설탕, 소금을 넣고 비터로 크림화한다.

❷ ①에 중력분을 넣고, 계란과 물을 서서히 혼합한다.

❸ 30분간 냉장 휴지시킨다.

마무리

재료
· 딸기 500g · 광택제 50g · 코코넛 파우더 100g · 휘핑크림 100g

만들기
❶ 딸기는 세척 후 물기를 없애고 손질한다.

❷ 에그타르트 위에 휘핑크림을 짜고 딸기를 올려준다

❸ 광택제를 바른 후 코코넛 파우더를 옆에 묻혀 마무리한다.

tip · 중간에 한번씩 팬을 돌려준다.

레몬크림 페스츄리

Lemon Cream Pastry

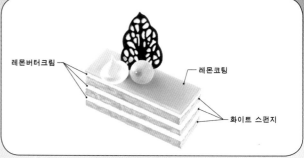

레몬버터크림

레몬코팅

화이트 스펀지

레몬버터크림 만들기

재료

· 버터 250g · 설탕 60g · 물 15cc · 전란 1ea · 럼 10cc · 레몬주스 20cc · 레몬필 1/2ea

만들기

❶ 설탕과 물을 냄비에 끓여 청을 잡는다(118℃ 정도).

❷ 볼에 계란을 넣고 거품기로 저으며 설탕시럽을 조금씩 넣어 앙글레이즈화한다.

❸ 버터를 크림화한다. 여기에 ②의 반죽을 넣고 크림화한다.

❹ 마지막으로 레몬주스와 레몬 필과 럼을 넣어 반죽한다.

레몬코팅 만들기

재료

· 전란 2ea · 노른자 3ea · 레몬주스 120cc · 설탕 280g · 젤라틴 10g · 버터 140g · 럼 10cc

만들기

❶ 레몬주스와 젤라틴을 섞는다.

❷ 전란, 노른자, 설탕을 혼합한다.

❸ ①과 ②를 볼에 섞어준다. 녹인 버터와 럼도 혼합한다.

❹ 중탕으로 70℃까지 올린다. 체에 걸러준다. 온도를 23℃에 맞추고 코팅한다.

레몬크림 페스츄리 만들기

재료

· 화이트스펀지 3장(30×30)(참조 p.46)

만들기

❶ 스펀지에 시럽을 바르고 크림을 발라 3단샌드하여 냉동고에 굳힌다.

❷ 코팅온도를 21~25℃로 맞추고 3단샌드에 코팅한다.

❸ 적당한 크기로 잘라 데코하여 사용한다.

tip · 중탕 시 바닥이 타지 않게 저어주며 기포를(유산지를 씌워둔다) 없애고 코팅한다.

도보스 페스츄리

Dobos Pastry

헤이즐넛 크림

캐러멜 미로와

초콜릿 가나슈

헤이즐넛 크림 만들기

재료

· 화이트스펀지 4장(참조 p.46) · 버터 300g · 설탕 80g · 물 30cc · 전란 2ea · 럼 10cc · 헤이즐넛 프랄린 50g

만들기

❶ 설탕과 물을 냄비에 끓여 청을 잡는다(118℃ 정도).

❷ 볼에 계란을 넣고 거품기로 저으며 설탕시럽을 조금씩 넣어 앙글레이즈화한다.

❸ 버터를 크림화한다. 중간 정도 올라오면 여기에 ②의 반죽을 넣고 크림화한다.

❹ 마지막으로 헤이즐넛 크림과 럼을 넣어 섞어준다.

❺ 4단 샌드하며 시럽을 바르고 크림을 발라 샌드한다.

> **tip** · 4단 샌드 후 유산지를 위에 대고 철판을 여러 장 겹쳐 평편하게 눌러준다.

초콜릿 가나슈 크림

재료

· 생크림(엠보그) 68g · 물엿 3g · 다크 초콜릿(만자리 64%) 66g · 밀크 초콜릿(지바라라떼 40%) 56g
· 버터(레스큐어) 12g · 쿠앵트로 7cc

만들기

❶ 생크림과 물엿은 같이 끓인다.

❷ 미리 녹여놓은 다크, 밀크 초콜릿과 ①을 섞어준다.

❸ 버터와 쿠앵트로를 넣고 핸드믹서로 섞어준 후 두 번째에 샌드크림을 발라준다.

캐러멜 미로와 만들기

재료

· 설탕 250g · 물 110g · 미로와 135g · 럼 5g

만들기

❶ 설탕은 캐러멜화를 한다.

❷ 데운 물을 캐러멜화한 설탕에 조금씩 넣어준다.

❸ 미로와를 넣어준다. 기포가 안 생기게 저어준다.

❹ 럼은 마지막에 넣어준다.

> **tip** · 설탕 캐러멜화를 오버하면 미로와가 굳어진다. 물을 조금 더 넣어 조절한다.

망고 무스

Mango Mousse

망고 글라사주

망고 무스

망고 젤리

망고 젤리 만들기

재료
· 망고 퓌레(아다망스) 100g · 패션퓌레(아다망스) 16g · 설탕 14g · 젤라틴 2g · 그랑 마니에르 2cc

만들기
❶ 망고퓌레, 패션퓌레, 설탕을 냄비에 넣고 데운다.

❷ 불린 젤라틴을 냄비에 넣고 그랑 마니에르도 넣고 녹여준다.

❸ 틀에 부어 굳힌 뒤 몰드에 맞게 잘라 사용한다.

망고 무스 만들기

재료
· 스펀지 1장 · 노른자 50g · 설탕 105g(물 40cc) · 젤라틴 10g · 휘핑크림 250g
· 망고퓌레(아다망스) 200g · 그랑 마니에르 10cc · 레몬주스 10cc

만들기
❶ 노른자를 기포한다. 설탕을 청을 잡아 서서히 넣으며 앙글레이즈화한다.

❷ 젤라틴을 녹여서 두고 나머지 휘핑크림을 넣고 Puree를 넣어 반죽한다.

❸ 럼, 레몬주스, 젤라틴을 서서히 넣고 혼합한다.

망고 글라사주 만들기

재료
· 설탕 162g · 물 44cc · 생크림(엠보그) 88g · 연유 40g · 물엿 64g · 앱솔루트 나파주(발로나) 36g
· 판젤라틴 6g · 망고퓌레(아다망스) 140g · 노란 색소 약간

만들기
❶ 설탕과 물을 125℃ 정도까지 끓여 청을 잡아준다.

❷ 물엿, 나파주, 연유, 생크림, 퓌레를 넣고 끓여준다.

❸ ①과 ②를 혼합한 뒤 색소를 넣고 바믹서로 유화한다.

❹ ③을 식혀서 코팅용으로 사용한다.

마무리

❶ 틀에 무스를 절반만 넣고 중간에 망고 젤리와 망고 다이스를 넣어준다.

❷ 나머지 반을 채우고 스펀지를 원형틀로 찍어서 마무리한다.

❸ 냉동고에 굳혀서 망고 글라사주로 코팅한 후 데코한다.

산딸기 무스
Raspberry Mousse

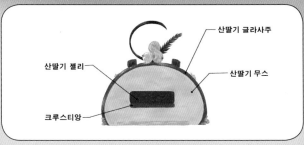

산딸기 글라사주

산딸기 젤리

산딸기 무스

크루스티앙

산딸기 무스 만들기

재료

- 흰자 90g · 설탕 120g · 물 80cc · 젤라틴 11g · 휘핑크림 300g · 산딸기 퓌레(아다망스) 200g
- 체리술 10cc · 냉동 산딸기 6ea

만들기

❶ 흰자를 기포한다. 설탕은 청을 잡아 서서히 넣으며 이탈리안 머랭을 만든다.

❷ 젤라틴을 녹여서 두고 나머지 휘핑크림(80%) 올린 크림을 넣고 Puree를 넣어 섞어준다.

❸ 체리술, 젤라틴을 서서히 넣어 혼합한다.

❹ 냉동 산딸기는 으깨어 놓는다.

❺ 틀에 절반만 넣고 중간에 냉동 산딸기를 넣어준다.

❻ 나머지 반을 채우고 스펀지를 원형틀로 찍어서 마무리한다.

❼ 냉동고에 굳혀서 산딸기 글라사주로 코팅한다.

산딸기 글라사주 만들기

재료

- 설탕 162g · 물 44cc · 생크림(엠보그) 88g · 연유 40g · 물엿 64g · 앱솔루트 나파주(발로나) 36g
- 판젤라틴 6g · 산딸기 퓌레(아다망스) 80g · 빨간 색소 약간

만들기

❶ 설탕과 물을 125℃ 정도까지 끓여 청을 잡아준다.

❷ 물엿, 앱솔루트 나파주, 연유, 생크림, 퓌레를 넣고 끓여준다.

❸ ①과 ②를 혼합한다. 색소를 넣고 바믹서로 유화한다.

❹ ③을 식혀서 코팅용으로 사용한다.

크루스티앙

재료

- 에끌라도르 50g · 둘세 초콜릿(발로나) 50g · 헤이즐넛 프랄린 25g

만들기

❶ 둘세 초콜릿과 헤이즐넛 프랄린을 같이 녹인다.

❷ ①에 에끌라도르를 넣고 혼합하여 굳힌다.

마무리

재료
• 냉동 산딸기 크림 100g

만들기
❶ 틀에 무스를 절반만 넣고 중간에 냉동 산딸기 크림을 넣고 위에 크루스티앙을 넣어준다.

❷ 나머지 반을 채우고 스펀지를 원형틀로 찍어서 마무리한다.

❸ 냉동고에 굳혀서 레드 글라사주로 코팅한 후 데코한다.

tip • 끓이는 온도는 125℃까지 걸쭉하게 끓여준다. 글라사주는 수분이 많으면 흘러내린다.

MEMO

녹차 화이트 초콜릿 무스

Green Tea White Chocolate Mousse

화이트 초콜릿
무스

녹차 무스

화이트 초콜릿 무스 만들기

재료
- 화이트 초콜릿(이보아르 35%) 65g · 우유 65cc · 크렘 파티시에(p.42 참조) 15g · 설탕 26g
- 생크림(엠보그) 150g · 젤라틴 5g · 물 42g · 럼 6g

만들기

❶ 화이트 초콜릿은 중탕으로 녹여둔다.

❷ 생크림은 설탕과 휘핑한다(80%).

❸ 젤라틴은 물과 함께 중탕한다.

❹ 우유는 데워서 크렘 파티시에와 섞어준다. 화이트 초콜릿과 섞어준다.

❺ 반죽 ④를 생크림과 섞어준 후 젤라틴 럼을 섞어준다.

❻ 몰드에 절반씩 넣어 굳힌다.

녹차 무스 만들기

재료
- 가루녹차(클로렐라 함유) 7g · 우유 45cc · 크렘 파티시에(p.42 참조) 10g · 물 40cc · 럼 5cc
- 젤라틴 11g · 생크림(엠보그) 340g · 설탕 19g

만들기

❶ 가루녹차는 우유, 크렘 파티시에와 섞어준다.

❷ 젤라틴은 물과 함께 중탕한다.

❸ 생크림은 설탕과 휘핑한다(80%).

❹ 휘핑한 생크림과 반죽 ①을 섞어준다.

❺ 젤라틴을 넣어주고 럼을 섞어준다.

❻ 몰드에 절반을 채우고 스펀지로 마무리한다.

바닐라 사과 슈트루델

Vanilla Apple Strudel

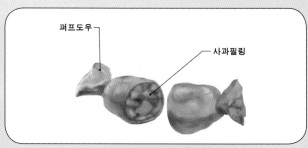

퍼프도우

사과필링

퍼프도우 만들기

재료

- 중력분 250g • 강력분 250g • 버터 50g • 우유 110cc • 전란 1ea • 얼음물 113cc • 설탕 10 • 소금 7g
- 속버터(충전용) 400g

만들기

❶ 우유, 얼음물, 설탕, 소금, 계란, 밀가루를 함께 넣고 반죽한다. (저속 2분, 중속 4분)

❷ 반죽을 냉장 휴지시킨 후 속버터를 넣고 3절접기를 한다.

❸ 3절접기 3번을 한 후 2~3mm로 밀어편 후 9×9cm로 자른다.

바닐라 사과 슈트루델 만들기

재료

- 퍼프반죽 1장 • 사과 1ea • 건포도 15g • 버터 10g • 바닐라빈 1/5ea • 계핏가루 소량 • 옥수수전분 2g
- 물 20cc • 설탕 70g

만들기

❶ 사과껍질을 깎아 사과를 다이스한다.

❷ 냄비에 버터를 넣고 사과를 볶는다.

❸ 설탕, 건포도를 넣는다.

❹ 바닐라빈 속과 계핏가루를 약간 넣어준다.

❺ 전분을 물과 섞은 뒤 냄비에 넣어 전분을 호화시킨다.

❻ 퍼프도우 반죽을 9×9cm로 자른다.

❼ 끝에 계란물을 바르고 사과필링을 적당량 넣어준 후 사탕 모양으로 꼬아준다.

❽ 철판에 팬닝하여 노른자를 바른 후 210℃ 오븐에서 15분간 바짝 구워낸다.

❾ 접시에 바닐라 소스를 두른 후 애플 슈트루델을 담아낸다.

바닐라 소스

재료

- 노른자 10g • 우유 22cc • 생크림(엠보그) 33g • 설탕 10g • 바닐라빈 1/2ea

만들기

❶ 달걀 노른자와 설탕을 잘 섞어준다.

❷ 생크림과 우유를 가열해서 ①과 혼합해 준다.

❸ ②를 82℃까지 가열한 뒤 불에서 내려 바닐라빈을 넣어준다.

삼색 초콜릿 바바루아

3 Kinds of Chocolate Bavarois

화이트 초콜릿

밀크 초콜릿

다크 초콜릿

스펀지

바바루아 만들기

재료

- 우유 300cc • 설탕 150g • 노른자 80g • 젤라틴 20g • 휘핑크림 300g • 브랜디 12g
- 화이트 초콜릿(이보아르 35%) 70g • 밀크 초콜릿(지바라라떼 40%) 75g
- 다크 초콜릿(만자리 64%) 75g • 스펀지 1장(p.46 참조)

만들기

❶ 몰드나 컵을 준비한다. 우유를 60℃까지 중탕으로 데운다.

❷ 노른자와 설탕을 섞은 후 ①에 조금씩 섞어준다.

❸ 젤라틴을 찬물에 불려 놓은 다음 물기를 뺀 후 ①의 데운 우유에 넣어 녹여준다.

❹ 휘핑크림을 80%로 휘핑한다.

❺ ③의 반죽온도를 45℃로 낮춘 후 ④의 휘핑한 생크림을 섞는다.

❻ 브랜디를 섞어준다.

❼ ⑥의 반죽을 3등분(①②③)하여 40℃의 물에 중탕한다.

❽ 3등분한 반죽① 하나에 다크 초콜릿을 녹여 섞어준 후 몰드나 컵에 적당량을 부어 냉동고에 굳힌다.

❾ 3등분한 반죽②에 밀크 초콜릿을 녹여 섞어준 후 ⑧에 적당량을 부어 냉동고에 굳힌다.

❿ 3등분한 반죽③에 화이트 초콜릿을 녹여 섞어준 후 ⑨에 적당량을 부어 냉동고에 굳힌다.

⓫ 몰드에서 꺼내어 접시에 담아 서브한다.

 • 위 반죽을 넣을 때 같은 양을 넣어야 보기가 좋다.
- 중탕 시 온도를 체크하여 바바루아가 굳지 않게 한다.

브라우니

Brownie

브라우니 만들기

재료
- 설탕 280g · 버터 219g · 소금 1g · 전란 193g · 코코아 파우더(발로나) 22g · 호두 79g · 럼 9g
- 중력 153g

만들기
❶ 설탕, 소금과 버터를 볼에 넣고 거품기로 잘 섞어준다.

❷ 계란을 ①에 조금씩 나눠 투입하면서 분리되지 않게 한다.

❸ 코코아 파우더와 중력분을 ②에 넣고 가볍게 섞는다.

❹ 호두와 럼을 넣어 반죽을 완성한다.

❺ 180℃에서 20분간 구워낸다.

- -

샹티크림 만들기

재료
- 생크림(엠보그) 200g · 설탕 20g · 바닐라빈 1/2ea

만들기
❶ 생크림, 설탕, 바닐라빈을 데워 하루 숙성한 후, 휘핑기로 크림화하여 사용한다.

휘낭시에

Financier

휘낭시에 만들기

재료

• 아몬드 파우더 100g • 박력분 22g • 설탕 106g • 흰자 112g • 녹인 버터(레스큐어) 100g

만들기

❶ 아몬드 파우더, 박력분은 체질해 둔다.

❷ 흰자에 설탕을 2~3번 넣어 잘 섞어준다.

❸ ②와 ①을 섞어준다.

❹ 35℃ 정도로 녹인 버터를 ③과 섞어준 뒤 짤주머니에 넣어 이형제를 바른 틀에 팬닝해 준다.

❺ 240℃에서 4분간 구워준 뒤 160℃로 10분간 구워준다.

녹차휘낭시에 만들기

재료

• 흰자 250g • 버터(레스큐어) 250g • 프랑스 밀가루 T45 100g • 아몬드 파우더 100g • 슈가파우더 300g
• 녹차 파우더(클로렐라 함유) 8g • 천일염 0.5g

만들기

❶ 흰자와 슈가파우더를 볼에 넣고 섞어준다.

❷ 고체형 버터를 녹여 헤이즐넛 버터를 만든다.

❸ 가루재료를 체 친 후, ①에 혼합한다.

❹ 헤이즐넛 버터를 40℃까지 식힌 후, ③과 혼합한다.

❺ 1시간 냉장 휴지 후, 오븐 상 200℃/하 150℃에서 13~15분간 굽는다.

마들렌

Madeleine

마들렌 만들기

재료

· 중력분 164g · 베이킹 파우더 4g · 설탕 112g · 전란 255g · 녹인 버터(레스큐어) 145g
· 바닐라 익스트랙 4g · 레몬제스트 12g · 꿀 10g

만들기

❶ 볼에 전란을 넣어 푼 뒤 설탕, 꿀, 소금을 넣고 70%까지 휘핑한다.

❷ 바닐라 익스트랙을 ①에 넣고 섞는다.

❸ 중력분, 베이킹 파우더를 체 쳐 넣고 나무주걱으로 골고루 섞는다.

❹ 버터를 녹여 넣고 레몬제스트를 섞는다.

❺ 반죽은 적당히 무거움을 느낄 수 있는 상태가 좋다.

❻ 반죽을 짤주머니에 채워서 마들렌 틀에 짠다.

❼ 윗불 200℃의 오븐에서 약 15~20분간 굽는다.

초코마들렌 만들기

재료

· 전란 255g · 노른자 10g · 설탕 280g · 중력분 130g · 코코아 파우더(발로나) 30g
· 아몬드 파우더 125g · 베이킹 파우더 4g · 물엿 50g · 버터(레스큐어) 200g

만들기

❶ 전란과 노른자에 설탕을 넣고 풀어준다.

❷ 물엿과 버터를 냄비에 넣고 끓여준다.

❸ 체 친 가루를 ①에 혼합한다.

❹ ②를 식힌 후, ③에 넣어주고 휴지 후 사용한다.

❺ 상 200℃/하 190℃에서 10분간 굽는다.

바닐라 바통 화이트 초콜릿 무스

Vanilla Barton White Chocolate Mousse

화이트 글레이즈

크루스티앙

바닐라무스

사브레 쿠키

바닐라 화이트 글레이즈

재료

- 물A 75g • 설탕 150g • 글루코오스 150g • 생크림(엠보그) 75g • 젤라틴 분말 64g • 물B 13g
- 화이트 초콜릿(오팔리스 33%) 150g • 바닐라빈 1/2ea

만들기

❶ 냄비에 물A, 설탕, 글루코오스를 넣고 103℃까지 끓여준다.

❷ 차가운 물B, 젤라틴 분말을 섞어 수화시킨다.

❸ ①번이 끓으면 불에서 내려 수화시킨 젤라틴 매스(②번)와 크림을 넣고 섞는다.

❹ ③번을 화이트 초콜릿과 바닐라빈씨를 넣어 핸드블렌더로 유화시킨다.

❺ 30℃로 맞추어 사용한다.

크루스티앙

재료

- 에끌라도르 50g • 둘세 초콜릿(발로나) 50g • 헤이즐넛 프랄린 25g

만들기

❶ 둘세 초콜릿과 헤이즐넛 프랄린을 같이 녹인다.

❷ ①에 에끌라도르를 넣고 혼합하여 굳힌다.

바닐라 무스

재료

- 노른자 20g • 설탕 20g • 물 15g • 우유 22cc • 젤라틴 4g • 화이트 초콜릿(오팔리스 33%) 75g
- 휘핑크림 75g • 생크림(엠보그) 130g • 바닐라 엑기스 4g • 바닐라빈 1/2ea

만들기

❶ 설탕과 물을 118℃까지 끓여 청을 잡은 뒤 노른자를 휘핑하며 청을 부어 파트 아 봄브를 만들어 준다.

❷ 우유를 끓인 뒤 미리 얼음물에 불려놓은 젤라틴과 초콜릿을 넣고 섞는다.

❸ 파트 아 봄브와 ②를 섞는다.

❹ 휘핑크림을 50% 정도로 휘핑한 뒤 ③과 바닐라 엑기스, 바닐라빈을 넣고 섞는다.

사브레 쿠키

재료

- 버터(레스큐어) 75g • 소금 1g • 설탕 30g • 아몬드 파우더 12g • 바닐라빈 1g • 노른자 12g
- 박력분T45 60g • 베이킹 파우더 1g • 바닐라 엑기스 4g • 바닐라빈 1/2ea

만들기

❶ 버터는 포마드상태로 만들어준 뒤 소금과 설탕, 바닐라빈을 넣고 섞는다.

❷ ①에 노른자를 2~3회 나누어 섞는다.

❸ 아몬드 파우더, 체 친 밀가루, 베이킹파우더를 넣고 섞는다.

❹ 3mm로 밀어편 뒤 원하는 사이즈로 재단하여 170℃에서 8분간 굽는다.

마무리

❶ 바닐라 무스를 바통 몰드에 1/2 채운다.

❷ ①에 크루스티앙 10g을 몰드에 맞추어 길게 뿌려 넣어준다.

❸ 나머지 무스를 채운 후 냉동고에 굳힌다.

❹ 바닐라 화이트 글레이즈를 제조하여 25~27℃까지 온도를 맞춘 후 냉동고에 굳혀놓은 바통 무스에 코팅한다.

❺ 사브레 위에 올려 데코한 뒤 마무리한다.

MEMO

체리주빌레

Cherry Jubilee

바닐라 아이스크림

체리주빌레

체리주빌레 만들기

재료
- 다크 스위트 체리 300g · 설탕 30g · 버터(레스큐어) 26g · 오렌지 주스 50g · 레몬주스 10g
- 전분 4g · 키르쉬(술) 적당량

만들기
❶ 오렌지, 레몬은 즙을 짠다.

❷ 다크 스위트 체리국물로 전분을 풀어 준비한다.

❸ 불에 냄비를 올려놓고 설탕을 서서히 투입하면서 캐러멜을 만든다.

❹ ②를 ③에 부어 끓인다.

❺ 나머지 재료를 모두 넣고 끓인다.

- -

마무리

❶ 체리주빌레를 접시에 적당량 넣고 바닐라 아이스크림을 한 스쿱 올린다.

❷ ①에 아몬드 슬라이스를 구워 뿌린다.

❸ 체리주빌레는 뜨겁게 하고 아이스크림을 올리므로 즉석에서 조리해야 한다.

- -

바닐라 아이스크림 만들기

재료
- 우유 180cc · 생크림(엠보그) 50g · 아이스크림 안정제(Sosa 글루코오스 파우더) 20g · 분유 12g
- 설탕 26g · 바닐라빈 1/2ea · 노른자 23g

만들기
❶ 전 재료를 냄비에 넣고 90℃까지 데워 살균시킨다.

❷ 위 재료의 온도를 5℃까지 내린 후 아이스크림 제조기에 넣고 교반시켜 제품을 만든다.

크렘 브륄레

Crème Brulee

크렘 브륄레 만들기

재료

· 생크림(엠보그) 200g · 우유 80cc · 바닐라빈 1ea · 설탕 35g · 계란 노른자 75g

만들기

❶ 생크림과 우유에 바닐라빈을 반 갈라 껍질과 함께 넣고 끓인다.

❷ 노른자, 설탕을 혼합한 뒤 ①에 조금씩 넣으며 혼합한다.

❸ 완성된 반죽을 고운체에 걸러 불순물을 제거한다.

❹ 반죽을 사기볼에 60% 부어 중탕 150℃/150℃에서 굽는다.

토핑

재료

· 설탕 5g

만들기

❶ 설탕을 뿌리고 토치로 그을린다.

tip · 토치로 설탕을 캐러멜화할 때 너무 타지 않도록 하고 원하는 색이 나오기 전에 마무리한다.

사과 타르트
Apple Tart

사과

크렘 아망드

슈가도우

크렘 아망드

재료

· 버터(레스큐어) 300g · 설탕 300g · 전란 180g · 아몬드 파우더 300g · 럼 50g

만들기

❶ 버터가 포마드 상태가 되면 설탕, 전란, 아몬드 파우더, 럼주 순으로 넣고 믹싱하여 크림화한다.

슈가도우

재료

· 버터(레스큐어) 140g · 설탕 70g · 전란 60g · 중력분 200g

만들기

❶ 버터와 설탕을 넣고 비터로 부드럽게 믹싱한다.

❷ 계란을 넣어 혼합하고 체 친 중력분을 혼합한다.

마무리

재료

· 사과 3ea · 미로와 적당량

만들기

❶ 사과 3개의 껍질을 제거하고 4등분하여 슬라이스한다.

❷ 층층이 쌓고 버터를 군데군데 올린다.

❸ 브라운 슈가를 뿌려 오븐에 굽는다.

❹ 오븐온도 160℃에서 30~40분간 굽는다.

❺ 미로와 글레이즈를 발라 완성한다.

tip
· 사과는 갈변현상이 일어나므로 설탕과 레몬주스를 넣은 물에 사과를 담가둔다.
· 사과 슬라이스는 0.2~0.4mm 정도로 한다.

이베 블랑

Yves Blanc

머랭스틱

체스트넛 무스

화이트 글레이즈

밤 콩피

모과 & 서양배 젤리

제누와즈

체스트넛 무스

재료

- 밤 퓌레 200g · 젤라틴 1장 · 흰자 32g · 설탕 45g
- 물 16g · 휘핑크림 50g

만들기

❶ 밤 퓌레를 데운 후 물에 불린 젤라틴을 넣어 섞은 뒤 식혀준다.

❷ 물과 설탕을 116℃까지 끓인 후 난백에 넣어가며 휘핑하여 이탈리안 머랭을 만들어준다.

❸ 이탈리안 머랭과 ①번을 섞은 후 휘핑한 크림과 섞어준다.

❹ 몰드에 적정량 몰딩한다.

모과 & 서양배 젤리 인서트

재료

- 모과 퓌레 83g · 서양배 퓌레 100g · 설탕 29g · 펙틴 NH 5g · 물 13cc

만들기

❶ 두 가지 퓌레와 물을 냄비에 넣고 데운다.

❷ ①번에 설탕, 펙틴 혼합물을 넣고 110℃까지 끓여준다.

❸ 몰드에 굳힌 후 적당한 크기로 잘라 무스에 채워넣는다.

제누와즈(제누아즈)

(공통레시피 참고 p.45)

밤 콩피

재료

- 밤페이스트 50g

만들기

❶ 준비된 제누와즈에 시럽을 제거한 당적 밤을 다져 제누와즈와 같은 높이로 발라준다.

머랭스틱

재료

- 흰자 50g · 설탕 100g

만들기

❶ 흰자와 설탕을 중탕하여 휘핑한다(스위스 머랭).

❷ 85℃ 오븐에서 2시간 30분간 말려준다.

서양배 꿀리

재료

· 서양배 퓌레 50g · 모과청 30g · 물 20g

만들기

❶ 모과청과 물을 끓여 모과향을 우려낸다.

❷ ①번에 서양배 퓌레를 넣어 끓인 후 식혀서 사용한다.

화이트 글레이즈

재료

· 물A 75g · 설탕 150g · 글루코오스 150g · 크림 75g · 젤라틴 분말 64g · 물B 13g
· 화이트 초콜릿(오팔리스 33%) 150g

만들기

❶ 냄비에 물A, 설탕, 글루코오스를 넣고 103℃까지 끓여준다.

❷ 차가운 물B, 젤라틴 분말을 섞어 수화시킨다.

❸ ①번이 끓으면 불에서 내려 수화시킨 젤라틴 매스(②번)와 크림을 넣고 섞는다.

❹ ③번을 화이트 초콜릿에 부어 핸드블렌더로 유화시킨다.

❺ 30℃로 맞추어 사용한다.

마무리

만들기

❶ 몰드에 밤 무스를 채워준다.

❷ 밤 무스 안쪽으로 모과 & 서양배 젤리와 밤 콩피를 바른 제누와즈를 넣어 몰딩하여 얼린다.

❸ 언 무스에 화이트 글레이즈를 코팅하여 플레이트 위에 올린다.

❹ 무스 위로 머랭스틱과 화이트 초콜릿 장식물, 식용꽃으로 장식한다.

❺ 무스 옆에 배 꿀리를 올려 마무리한다.

MEMO

버블 페스츄리
Bubble Pastry

화이트 초콜릿 무스

화이트 초콜릿 피스톨레

딸기꿀리

망고꿀리

코코넛 스펀지

망고꿀리

재료
• 망고 퓌레(아다망스) 100g • 패션 퓌레(아다망스) 15g • 트리몰린 15g • 설탕 20g • 펙틴 3g

만들기
❶ 망고 퓌레, 패션 퓌레, 트리몰린을 냄비에 넣고 끓인다.

❷ 설탕과 펙틴을 서로 잘 섞어준 뒤 ①이 끓어오르기 전에 넣고 덩어리지지 않도록 잘 섞어준다.

❸ 펙틴의 호화를 위해 ②를 팔팔 끓인 뒤 냉동고에 굳혀 사용한다.

딸기꿀리

재료
• 딸기 퓌레(아다망스) 100g • 산딸기 퓌레(아다망스) 100g • 설탕 12g • 펙틴 36g • 라임주스 4g

만들기
❶ 딸기 퓌레, 산딸기 퓌레, 라임주스를 냄비에 넣고 끓인다.

❷ 설탕과 펙틴을 서로 잘 섞어준 뒤 ①이 끓어오르기 전에 넣고 덩어리지지 않도록 잘 섞어준다.

❸ 펙틴의 호화를 위해 ②를 팔팔 끓인 뒤 냉동고에 굳혀 사용한다.

화이트 초콜릿 무스

재료
• 생크림(엠보그) 64g • 화이트 초콜릿(이보아르 35%) 8.5g • 휘핑크림 130g • 젤라틴 4.3g
• 라임주스 11.2g • 흰자 6g • 물 6g • 설탕 18g

만들기
❶ 젤라틴을 얼음물에 담가 불려둔 뒤 화이트 초콜릿을 중탕으로 녹여 라임주스, 불린 젤라틴을 함께 섞어준다.

❷ 생크림을 ①에 넣고 섞는다.

❸ 물과 설탕을 114℃까지 끓여 청을 잡은 뒤 흰자와 함께 이탈리안 머랭을 만든다.

❹ ②를 40℃까지 온도를 낮춘다.

❺ 휘핑크림을 60~70% 정도 휘핑한 후 ②를 부어 묽은 무스를 완성한다.

코코넛 스펀지

재료

• 분당 83g • 코코넛 파우더 40g • 아몬드 파우더 80g • 흰자 103g • 설탕 31g

만들기

❶ 분당, 코코넛 파우더, 아몬드 파우더를 섞는다.

❷ 흰자와 설탕으로 머랭을 만들어준다.

❸ ①과 ②를 섞은 뒤 팬에 팬닝하여 170℃/170℃에 굽는다.

화이트 초콜릿 피스톨레

재료

• 화이트 초콜릿(오팔리스 33%) 50g • 카카오 버터 50g • 이산화티타늄 소량

만들기

❶ 오팔리스와 카카오 버터는 동량으로 사용한다.

❷ 카카오 버터를 녹여 데운 뒤 초콜릿을 넣고 섞는다.

❸ 이산화티타늄을 ②에 넣고 핸드믹서로 갈아 사용한다.

MEMO

바닐라 수플레

Vanilla Souffle

바닐라 크림

재료

· 우유 100cc · 바닐라빈 1/4ea · 노른자 36g · 트리몰린 60g · 소금 1g · 중력분 10g · 바닐라 에센스 2g

만들기

❶ 우유와 바닐라빈씨와 빈을 데운다.

❷ 트리몰린, 노른자, 소금, 체 친 밀가루를 믹스한다.

❸ 데운 ①번 우유를 ②에 부어 크림 앙글레이즈를 만든다.

❹ 마지막으로 바닐라 에센스를 넣고 섞어준다.

머랭

재료

· 흰자 100g · 설탕 20g

만들기

❶ 머랭을 만든다(90%).

수플레 마무리

재료

· 바닐라 크림 90g · 우유 10cc · 머랭 120g

만들기

❶ 수플레 볼의 내부에 녹인 버터를 바른다.

❷ 버터 바른 볼에 설탕을 묻힌다.

❸ 바닐라 크림에 우유를 넣고 섞어준다.

❹ 여기에 머랭을 넣고 섞어준다.

❺ 볼에 반죽을 넣어 채운다.

❻ 오븐을 220℃로 맞춘 후 8~10분간 굽는다.

❼ 오븐에서 나오면 슈가파우더를 뿌려 서브한다.

tip
· 오븐마다 특성이 있으므로 온도에 주의하여야 한다.
· 구울 때도 중탕으로 굽거나 직접 굽는 방법이 있다.

코코넛 수플레

Coconut Souffle

코코넛 크림

재료
- 우유 100cc · 코코넛 퓌레(아다망스) 100g · 노른자 75g · 코코넛 파우더 20g · 설탕 70g
- 중력분 20g · 말리브럼 15g

만들기
❶ 우유와 코코넛 퓌레를 데운다.

❷ 노른자, 코코넛 파우더, 설탕, 체 친 밀가루를 믹스한다.

❸ 데운 ①번 우유를 ②에 부어 크림 앙글레이즈를 만든다.

❹ 마지막으로 말리브럼을 넣어 섞어준다.

머랭

재료
- 흰자 100g · 설탕 20g

만들기
❶ 머랭을 만든다(90%).

수플레 마무리

재료
- 코코넛 크림 90g · 우유 10cc · 머랭 120g · 코코넛 파우더 적당량

만들기
❶ 수플레 볼의 내부에 녹인 버터를 바른다.

❷ 버터 바른 볼에 설탕을 묻힌다.

❸ 코코넛 크림에 우유를 넣고 섞어준다.

❹ 여기에 머랭을 넣고 섞어준다.

❺ 볼에 반죽을 넣어 채운다. 위에 코코넛 파우더를 적당량 뿌려준다.

❻ 오븐을 220℃로 맞춘 후 8~10분간 굽는다.

❼ 오븐에서 나오면 슈가파우더를 조금만 뿌려 서브한다.

화이트 솔티 캐러멜

White Salty Caramel

화이트 초콜릿 무스

화이트 글레이즈

솔티드 캐러멜

뀌이테

사처 스펀지

솔티드 캐러멜

재료
· 설탕 100g · 물 25cc · 생크림(엠보그) 100g · 소금 2g · 버터(레스큐어) 2g · 바닐라빈 1/2ea

만들기
❶ 냄비에 설탕, 물을 넣고 진갈색이 나도록 캐러멜화시킨다.

❷ 불을 꺼준 후 데운 생크림을 넣어준다.

❸ 인덕션 불을 켠 후 소금과 바닐라 페이스트를 넣고 약간의 점도가 생길 때까지 끓여준다.

❹ 불을 끄고 버터를 넣어서 녹여준다.

- -

푀이테

재료
· 에끌라도르 120g · 둘세 초콜릿(35%) 60g · 헤이즐넛 프랄리네 70g

만들기
❶ 녹인 초콜릿, 헤이즐넛 프랄리네, 에끌라도르를 고르게 섞어 굳혀준 뒤 바슬바슬하게 준비해 둔다.

- -

사처 스펀지 1장

재료
· 아몬드 페이스트(52%) 84g · 노른자 75g · 흰자 132g · 설탕 105g · 코코아 파우더(발로나) 20g
· 다크 초콜릿(만자리 64%) 38g · 중력분 6g

만들기
❶ 아몬드 페이스트를 풀어준 후 노른자를 천천히 넣고 믹싱한다.

❷ 흰자와 설탕을 혼합하여 머랭친다.

❸ 코코아 파우더 중력분을 체 친다. 초콜릿을 녹여준다.

❹ 머랭 절반을 ①과 혼합한다. 여기에 초콜릿을 넣어 혼합한다.

❺ 나머지 머랭과 ④의 반죽을 천천히 혼합한다. 상 200℃/하 180℃에서 구워준다.

화이트 초콜릿 무스

재료

- 노른자 18g · 설탕 27g · 물 15cc · 우유 24cc · 판젤라틴 5g · 화이트 초콜릿(오팔리스 33%) 120g
- 휘핑크림 80g · 생크림(엠보그) 140g

만들기

❶ 노른자를 믹싱볼에 계량해 두고 설탕, 물을 끓여 118℃로 시럽을 끓인 뒤 파트 아 봄브를 만들어준다.

❷ 시럽 끓인 볼에 우유를 계량하여 끓여준 뒤 불린 젤라틴을 넣고 녹여준다.

❸ 생크림을 50% 정도 쳐둔다.

❹ 녹인 초콜릿과 ①, ②를 섞어준 뒤 ③을 섞어준다.

❺ 되기를 맞춰준 후 틀에 부어준다.

화이트 글레이즈

재료

- 물A 75cc · 설탕 150g · 글루코오스 150g · 생크림(엠보그) 75g · 젤라틴분말 64g · 물B 13cc
- 화이트 초콜릿(오팔리스 33%) 150g

만들기

❶ 냄비에 물A, 설탕, 글루코오스를 넣고 103℃까지 끓여준다.

❷ 차가운 물B, 젤라틴 분말을 섞어 수화시킨다.

❸ ①번이 끓으면 불에서 내려 수화시킨 젤라틴 매스(②번)와 크림을 넣고 섞는다.

❹ ③번을 화이트 초콜릿에 부어 핸드블렌더로 유화시킨다.

❺ 30℃로 맞추어 사용한다.

마무리

❶ 직경 6.5cm, 높이 5cm인 세라클에 초콜릿 무스를 1/2 정도 짜준다.

❷ 5cm 원형틀로 찍은 사처 스펀지를 넣어준다.

❸ 무스 중앙에 캐러멜과 푀이테를 넣어준다.

❹ 나머지 무스를 채워준 다음 냉동시킨 후, 코팅하여 사용한다.

MEMO

판나코타

Panna Cotta

판나코타

재료

· 생크림(엠보그) 300g · 우유 100cc · 설탕 80g · 판젤라틴 4g · 소금 1g · 바닐라빈 1/2ea

만들기

❶ 젤라틴은 얼음물에 불려놓는다.

❷ 생크림과 우유, 설탕, 소금을 넣고 끓인다.

❸ 젤라틴의 물기를 짜서 ②에 넣는다.

❹ 젤라틴을 넣고 잘 저으며 젤라틴을 녹인다.

❺ 컵에 넣고 굳힌다.

tip · 판나코타의 일정한 굳기를 위해 판젤라틴을 사용하고, 젤라틴이 물에 풀리지 않도록 여름엔 얼음물을 사용한다.

샤인머스캣 바스크 치즈케이크

Shine Muscat Basque Cheese Cake

바닐라 샹티크림 ── ── 바스크 치즈케이크

바스크 치즈케이크

재료

· 크림치즈 280g · 전란 60g · 노른자 60g · 설탕 107g · 박력분 9g · 생크림(엠보그) 150g

만들기

❶ 크림치즈를 부드럽게 풀어준다.

❷ 계란과 노른자, 설탕, 박력분, 생크림을 섞는다.

❸ ①과 ②를 혼합하여 고운체에 거른 뒤 10cm 원형 몰드에 180g씩 부어 210℃에서 19~20분간 굽는다.

바닐라 샹티크림

재료

· 생크림(엠보그) 200g · 슈가파우더 20g · 바닐라빈 1/4ea

만들기

❶ 믹싱볼에 생크림, 바닐라빈, 슈가파우더를 넣고 휘핑하여 사용한다.

마무리

재료

· 샤인머스캣 500g · 샹티크림 200g · 미로와 소량

만들기

❶ 구워져 나온 바스크 치즈케이크 위에 바닐라 샹티크림을 원형으로 둥글게 짜준다.

❷ 샤인머스캣을 세척한 후 물기 제거하여 세로로 절반을 잘라 데코한다.

오페라 페스츄리

Opera Pastry

코팅 초콜릿

아몬드 스펀지

커피 가나슈

아몬드 스펀지

재료

· 전란 360g · 설탕A 210g · 아몬드 파우더 216g · 버터(레스큐어) 130g · 중력분 114g · 흰자 60g
· 설탕B 39g

만들기

❶ 전란과 설탕A를 휘핑한다.

❷ 흰자와 설탕B로 머랭을 80%까지 휘핑하여 만든다.

❸ 아몬드 파우더와 중력분을 미리 체 친 뒤 ①과 혼합한다.

❹ ③에 머랭 1/2을 넣고 섞는다.

❺ 녹인 버터를 ④에 넣어 섞은 뒤 나머지 머랭을 넣고 섞는다.

❻ 200℃ 오븐에 구워 사용한다.

커피 시럽

재료

· 물 140cc · 커피 플레이버 44g · 설탕 32g · 깔루아 30g

만들기

❶ 모든 재료를 넣고 데워 설탕을 녹인 뒤 식혀서 사용한다.

커피 가나슈

재료

· 캐러멜 초콜릿(둘세 35%) 120g · 생크림A(엠보그) 200g · 커피빈 8g · 커피 플레이버 16g
· 생크림B(엠보그) 200g · 판젤라틴 8g

만들기

❶ 생크림A를 데워 캐러멜 초콜릿과 섞어 녹인다.

❷ 생크림B에 커피빈을 부수어 함께 넣고 데워 커피를 우린다. 후에 커피 플레이버도 함께 섞는다.

❸ ①과 ②를 섞는다.

오페라 코팅 초콜릿

재료
· 다크 초콜릿(만자리 64%) 450g · 식용유 50g · 쇼트닝 50g

만들기
❶ 다크 초콜릿을 중탕으로 녹여둔다.

❷ 식용유와 쇼트닝을 냄비에 넣고 데운다.

❸ ①, ②를 혼합하여 온도를 32~34℃로 맞추어 코팅한다.

마무리
❶ 아몬드 스펀지에 커피 시럽을 바른 뒤 가나슈를 샌드한다.

❷ ①과 같이 4단으로 만든다.

❸ 냉장고에 넣어 차갑게 굳힌 뒤 코팅 초콜릿을 부어 코팅한다.

MEMO

딸기 타르트

Strawberry Tarte

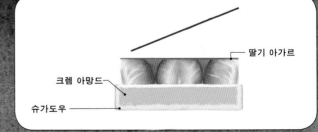

딸기 아가르

크렘 아망드

슈가도우

크렘 아망드

재료

· 버터(레스큐어) 300g · 설탕 300g · 전란 180g · 아몬드 파우더 300g · 럼 10cc

만들기

❶ 버터가 포마드 상태가 되면 설탕, 계란, 아몬드 파우더, 럼주 순으로 넣고 믹싱하여 크림화한다.

슈가도우

재료

· 버터 140g · 설탕 70g · 계란 60g · 중력분 200g

만들기

❶ 버터와 설탕을 넣고 비터로 부드럽게 믹싱한다.

❷ 계란을 넣어 혼합한 뒤 체 친 중력분을 혼합한다.

딸기 아가르 만들기

재료

· 딸기 퓌레(아다망스) 50g · 딸기 시럽 100g · 물 70cc · 설탕 26g · 한천가루 6g · 펙틴 6g

만들기

❶ 한천가루, 펙틴, 설탕을 섞는다.

❷ 물, 딸기 퓌레, 딸기 시럽을 45℃까지 냄비에 데워준다.

❸ ②를 냄비에 넣고 한번 끓인 후, 실팬에 펴서 사용한다.

바닐라 샹티크림

재료

· 생크림(엠보그) 100g · 슈가파우더 10g · 바닐라빈 1/4ea

만들기

❶ 믹싱볼에 생크림, 바닐라빈, 슈가파우더를 넣고 휘핑하여 사용한다.

마무리

❶ 타르트에 샹티크림을 바른다.

❷ 딸기를 자른 후 타르트 위에 올려준다.

❸ 딸기 아가르를 틀로 찍어내어 올려서 마무리한다.

메이플 피칸 파이

Maple Pecan Pie

샹티크림

파이껍질

구운 피칸

충전물

파이껍질

재료

· 중력분 500g · 버터 350g · 소금 5g · 계란 1ea · 물 150g

만들기

❶ 믹싱볼에 버터와 설탕, 소금을 넣고 비터로 크림화한다.

❷ ①에 중력분을 넣고, 계란을 서서히 혼합한다.

❸ 30분간 냉장 휴지시킨다.

충전물

재료

· 전란 15ea · 설탕 400g · 소금 15g · 물엿 500g · 녹인 버터 35g · 메이플시럽 80g

만들기

❶ 계란을 거품이 생기지 않도록 주의하면서 깬다.

❷ 계란에 물엿과 설탕을 혼합하여 서서히 저으면서 녹이고 녹인 버터를 혼합한다.

❸ 20~30분간 숙성시킨다.

❹ 충전물 위에 거품을 걷어낸다.

만들기

재료

· 구운 피칸 500g

만들기

❶ 파이 껍질을 밀대를 이용하여 반죽을 0.4mm 정도 두께로 밀어 파이 팬에 깔고 모양을 만든다.

❷ 구운 피칸과 충전물을 팬에 가득 채워 오븐에 굽는다.

❸ 오븐온도 상 150℃/하 170℃에서 약 70분간 굽는다.

패션가나슈타르트

Passion Ganache Tart

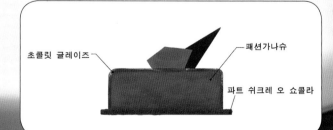

초콜릿 글레이즈 ── | ── 패션가나슈

파트 쉬크레 오 쇼콜라

파트 쉬크레 오 쇼콜라

재료

- 버터(레스큐어) 160g · 분당 65g · 아몬드 파우더 65g · 전란 58g · 박력분 260g
- 코코아 파우더(발로나) 25g · 베이킹 파우더 2g

만들기

❶ 버터를 포마드 상태로 만들어주고 분당과 섞어준다.

❷ 아몬드 파우더를 넣고 섞어준 후 계란을 천천히 섞어준다.

❸ 체 친 가루재료를 혼합한다.

❹ 냉장 휴지시킨 후 꺼내서 사용한다.

❺ 3mm 두께로 밀어서 5×10cm로 재단하여 타공매트에 팬닝한다.

❻ 컨벡션오븐 170℃, 12분 전후로 굽는다.

패션가나슈

재료

- 패션 퓌레(아다망스) 47g · 생크림(엠보그) 28g · 트리몰린 12g · 다크 초콜릿(만자리 64%) 44g
- 밀크 초콜릿(지바라라떼 40%) 86g

만들기

❶ 생크림과 트리몰린을 끓이고 패션 퓌레는 따로 데운다.

❷ 다진 초콜릿, 녹인 카카오 버터와 천천히 혼합한다.

❸ 가나슈 35~40℃에 버터를 넣고 바믹서로 유화시킨다.

❹ 휘낭시에 실리콘 틀에 높이 1cm로 분할하여 냉동시킨다(SF054).

초콜릿 글레이즈

재료

- 생크림(엠보그) 110g · 설탕 127g · 물 13cc · 카카오 버터 4g · 화이트 초콜릿(이보아르 35%) 44g
- 다크 초콜릿(에콰토리얼누아 55%) 44g · 젤라틴 3g

만들기

❶ 생크림, 설탕, 시럽을 같이 끓여준다.

❷ 녹인 카카오 버터와 다진 초콜릿을 같이 섞어준다.

❸ 물에 불린 젤라틴을 녹여서 혼합하여 유화시킨다.

마무리

재료

• 다크 초콜릿 얇은 판 조각 • 금박

만들기

❶ 초콜릿 글레이즈를 32℃ 전후에서 냉동된 패션가나슈를 코팅한다.

❷ 바닥면을 정리하고 쉬크레 위로 옮긴다.

❸ 장식용 초콜릿과 금박으로 마무리한다.

MEMO

캐러멜 초콜릿 타르트

Caramel Chocolate Tart

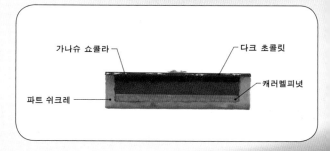

가나슈 쇼콜라 ―   ― 다크 초콜릿

― 캐러멜피넛

파트 쉬크레 ―

파트 쉬크레

재료

· 버터(레스큐어) 91g · 분당 60g · 소금 1g · 아몬드 파우더 56g · 전란 22g · 박력분 112g · 중력분 40g

만들기

❶ 버터를 포마드 상태로 만들어주고 분당, 소금과 섞어준다.

❷ 아몬드 파우더를 넣고 섞어준 후 계란을 천천히 섞어준다.

❸ 체 친 가루재료를 혼합한다.

❹ 냉장 휴지시킨 후 꺼내어 사용한다.

❺ 3mm 두께로 밀어서 지름 8cm의 타공타르트링에 퐁사쥬한다.

❻ 컨벡션오븐 170℃에서 12분 전후로 굽고 계란물을 발라준 후 5분간 구워준다.

캐러멜피넛

재료

· 설탕 50g · 물엿 32g · 생크림(엠보그) 100g · 바닐라빈 1/3ea · 젤라틴 1g · 구운 땅콩분태 30g

만들기

❶ 설탕과 물엿을 캐러멜화시킨다.

❷ 바닐라빈을 넣고 40℃까지 데운 생크림을 ①에 조금씩 섞어준다.

❸ 물에 불린 젤라틴을 넣고 섞어준다.

❹ 구운 땅콩분태와 섞어준다.

가나슈 쇼콜라

재료

· 생크림(엠보그) 176g · 물엿 10g · 다크 초콜릿(과나하 70%) 192g · 버터(레스큐어) 38g

만들기

❶ 생크림과 물엿을 끓인다.

❷ 다진 초콜릿과 천천히 혼합한다.

❸ 가나슈 35~40℃에 버터를 넣고 바믹서로 유화시킨다.

마무리

재료

· 다크 초콜릿 지름 8cm 반원 디스크 4개 · 금박

만들기

❶ 타르트쉘 바닥에 캐러멜피넛을 전체적으로 분할한다.

❷ 냉동에서 살짝 굳힌 후 가나슈 쇼콜라를 가득 채워준다.

❸ 냉장에서 살짝 굳힌 후 상단에 데커레이션 초콜릿으로 마무리한다.

MEMO

레드베리 루비

Red Berry Ruby

가나슈몽떼 루비

후랑보와즈 쥬레

미로와 후랑보와즈

후랑보와즈 크레뮈

레드 비스퀴 조콩드

레드 비스퀴 조콩드

재료

· 아몬드 파우더 175g · 분당 142g · 박력분 45g · 전란 240g · 트리몰린 12g · 버터(레스큐어) 35g
· 흰자 160g · 설탕 25g · 레드색소 소량

만들기

❶ 아몬드 파우더, 분당, 박력분, 색소를 휘퍼로 섞어준다.

❷ 전란을 넣고 아이보리색이 날 정도로 휘핑한다.

❸ 버터와 트리몰린을 중탕하여 섞는다.

❹ 흰자를 휘핑하며 설탕을 천천히 투입하여 튼튼한 머랭을 만든다.

❺ ③에 머랭을 나눠서 섞어준다.

❻ 300×400 철판에 분할하여 200℃ 오븐에서 13분 전후로 구워준다.

후랑보와즈 크레뫼

재료

· 생크림(엠보그) 60g · 우유 13cc · 노른자 13g · 산딸기 퓌레(아다망스) 15g · 루비초콜릿 70g
· 카카오 버터 18g · 젤라틴 1g · 레드색소 소량

만들기

❶ 생크림, 우유를 가열하여 노른자에 조금씩 부어가며 섞어준다.

❷ 냄비에 중불로 가열하여 앙글레이즈를 만든다.

❸ 중탕으로 데운 산딸기 퓌레를 섞어준다.

❹ 녹인 루비초콜릿과 카카오 버터를 섞어둔다.

❺ 물에 불린 젤라틴을 녹여서 섞어주고 레드색소 소량을 첨가한다.

후랑보와즈 쥬레

재료

· 산딸기 퓌레(아다망스) 45g · 물엿 6g · 설탕 2g · 펙틴 1g · 레몬주스 1g

만들기

❶ 산딸기 퓌레와 물엿을 냄비에 넣고 데워준다.

❷ 40℃에서 설탕과 펙틴을 넣고 섞어준다.

❸ 103℃까지 끓여주고 레몬주스를 혼합한다.

❹ 실리콘몰드에 분할한다.(SF009 Pomponnetes)

❺ 냉동고에 얼린 후 사용한다.

미로와 후랑보와즈

재료

- 산딸기 퓌레(아다망스) 25g • 뉴트럴 미로와 125g

만들기

❶ 산딸기 퓌레와 뉴트럴 미로와를 섞어서 중탕으로 데워준다.

❷ 바믹서로 기포를 제거한 후 35~40℃에서 사용한다.

- -

가나슈몽떼 루비

재료

- 생크림(엠보그) 110g • 물엿 15g • 젤라틴 4g • 산딸기 퓌레(아다망스) 10g • 루비초콜릿 60g
- 생크림(국내산) 250g • 레드색소 소량

만들기

❶ 생크림(엠보그)과 물엿을 같이 끓여준다.

❷ 물에 불린 젤라틴, 산딸기 퓌레, 루비초콜릿에 넣고 유화시켜준다.

❸ 차가운 생크림(국내산)을 혼합하여 냉장고에서 하루 휴지시킨다.

- -

마무리

재료

- 냉동 믹스베리 40g • 줄기레드 커런트 4줄기

만들기

❶ 레드 비스퀴 조콩드를 높이 3cm, 지름 7cm의 무스링에 둘러주고, 지름 5cm의 링커터로 2개
  씩 찍어서 준비한다.

❷ 냉동 믹스베리를 넣고 크레뫼를 40℃ 전후로 중탕하여 분할한다.

❸ 링커터로 찍은 비스퀴 조콩드를 덮어 냉동보관한다.

❹ 가나슈몽떼 루비를 휘핑 후 몰드에 분할하여 후랑보와즈 쥬레를 중앙에 넣고 냉동시킨다.
  (Stone85)

❺ ④를 몰드에서 분리하여 미로와 후랑보와즈로 글레이징한다.

❻ ③ 상단에 ⑤를 올리고 가나슈몽떼 루비로 연결부위에 파이핑한다.

❼ 줄기레드 커런트를 올려 장식한다.

MEMO

몽블랑

Mont-blanc

샹티크림

몽블랑크림

크렘 아망드

머랭

파트 쉬크레

제누와즈

파트 쉬크레

재료

• 버터(레스큐어) 91g • 분당 60g • 소금 1g • 아몬드 파우더 56g • 전란 22g • 박력분 112g • 중력분 40g

만들기

❶ 버터를 포마드 상태로 만들어주고 분당, 소금과 섞어준다.

❷ 아몬드 파우더를 넣고 섞어준 후 계란을 천천히 섞어준다.

❸ 체 친 가루재료를 혼합한다.

❹ 냉장 휴지시킨 후 꺼내어 사용한다.

❺ 3mm 두께로 밀어서 지름 8cm 타공타르트링에 퐁사쥬한다.

❻ 컨벡션오븐 170℃, 12분 전후로 굽고 계란물을 발라준다.

크렘 아망드-마론

재료

• 버터(레스큐어) 60g • 분당 57g • 전란 54g • 아몬드 파우더 60g • 마론스프레드 18g

만들기

❶ 포마드 상태의 버터에 분당, 마론스프레드를 넣고 비터로 돌려준다.

❷ 계란을 2~3회 나누어 투입한다.

❸ 아몬드 파우더를 넣고 섞어준다.

머랭

재료

• 흰자 10g • 설탕A 15g • 설탕B 10g

만들기

❶ 흰자와 설탕A를 60℃까지 중탕 후 휘핑한다.

❷ 묽은 머랭이 되기 시작하면 설탕B를 투입하여 휘핑한다.

❸ 90% 휘핑하여 설탕 입자가 남아 있는 머랭을 만든다.

❹ 원형깍지로 지름 2cm 물방울 머랭을 짜서 90℃ 오븐에서 말려준다.

몽블랑크림

재료

• 마론페이스트 180g • 크렘 파티시에(참고 p.42) 65g • 생크림(엠보그) 35g • 럼 15g

만들기

❶ 마론페이스트를 비터로 풀어주면서 크렘 파티시에를 투입한다.

❷ 생크림과 럼을 천천히 투입하여 덩어리지지 않게 섞어준다.

❸ 실리콘몰드에 50g 분할하여 옆면을 채워주고 냉동실에 굳힌다. (Montblanc105)

샹티크림

재료

• 생크림(엠보그) 135g • 설탕 12g

만들기

❶ 생크림을 휘핑하며 설탕을 투입한다.

❷ 단단한 샹티크림을 만들어준다.

마무리

재료

• 보늬밤 • 제누와즈(참고 p.45) 지름 3cm×높이 1cm 4개

만들기

❶ 파트 쉬크레에 크렘 아망드를 50% 분할 후 보늬밤 조각을 넣고 컨벡션오븐 170℃ 15분 전후로 굽는다.

❷ 몽블랑크림을 굳힌 몰드를 꺼내어 샹티크림을 60% 분할 후 머랭을 넣어준다.

❸ 제누와즈를 덮은 후 빈 공간을 샹티크림으로 채워주고 냉동시킨다.

❹ 냉각된 타르트 빈공간에 몽블랑크림을 채우고 ③을 몰드에서 분리하여 올려 놓는다.

❺ 보늬밤을 올려서 마무리한다.

MEMO

단호박 몽블랑
Pumpkin Mont-blanc

단호박크림

머랭

크렘 아망드

샹티크림

파트 쉬크레

파트 쉬크레

재료

• 버터(레스큐어) 91g • 분당 60g • 소금 1g • 아몬드 파우더 56g • 전란 22g • 박력분 112g • 중력분 40g

만들기

❶ 버터를 포마드 상태로 만들어주고 분당, 소금과 섞어준다.

❷ 아몬드 파우더를 넣고 섞어준 후 계란을 천천히 섞어준다.

❸ 체 친 가루재료를 혼합한다.

❹ 냉장 휴지시킨 후 꺼내어 사용한다.

❺ 3mm 두께로 밀어서 지름 8cm 타공타르트링에 퐁사쥬한다.

❻ 컨벡션오븐 170℃, 12분 전후로 굽고 계란물을 발라준다.

크렘 아망드-단호박

재료

• 버터(레스큐어) 60g • 분당 57g • 계란 54g • 아몬드 파우더 60g • 찐 단호박 40g

만들기

❶ 포마드 상태의 버터에 분당, 찐 단호박을 넣고 비터로 돌려준다.

❷ 계란을 2~3회 나누어 투입한다.

❸ 아몬드 파우더를 넣고 섞어준다.

머랭

재료

• 흰자 10g • 설탕A 15g • 설탕B 10g

만들기

❶ 흰자와 설탕A를 60℃까지 중탕 후 휘핑한다.

❷ 묽은 머랭이 되기 시작하면 설탕B를 투입하여 휘핑한다.

❸ 90% 휘핑하여 설탕 입자가 남아 있는 머랭을 만든다.

❹ 원형깍지로 지름 2cm 물방울 머랭을 짜서 90℃ 오븐에서 말려준다.

단호박크림

재료

· 찐 단호박 250g · 설탕 70g · 전분 10g · 생크림(엠보그) 210g · 계피 소량

만들기

❶ 찐 단호박과 설탕, 전분, 계피를 같이 비터로 덩어리지지 않게 섞어준다.

❷ 생크림을 조금씩 나눠 넣으면서 섞어준다.

❸ 실리콘몰드에 50g 분할하여 옆면을 채워주고 냉동실에 굳힌다. (Montblanc105)

샹티크림

재료

· 생크림(엠보그) 135g · 설탕 12g

만들기

❶ 생크림을 휘핑하며 설탕을 투입한다.

❷ 단단한 샹티크림을 만들어준다.

마무리

재료

· 찐 단호박 · 제누아즈(참고 p.45) 지름 3cm×높이 1cm 4개

만들기

❶ 파트 쉬크레에 크렘 아망드를 50% 분할 후 단호박 조각을 넣고 컨벡션오븐 170℃, 15분 전후로 굽는다.

❷ 단호박크림을 굳힌 몰드를 꺼내어 샹티크림을 60% 분할 후 머랭을 넣어준다.

❸ 제누아즈를 덮은 후 빈 공간을 샹티크림으로 채워주고 냉동시킨다.

❹ 냉각된 타르트 빈 공간에 단호박크림을 채우고 ③을 몰드에서 분리하여 올려놓는다.

❺ 단호박 조각이나 피스타치오를 올려 마무리한다.

MEMO

케이크 피스타치오

Cake Pistachio

피스타치오 샹티크림

피스타치오 바바로와

크렘프랑지팡

라즈베리잼

파트 쉬크레

파트 쉬크레

(참고 p.48)

크렘 아망드-피스타슈

재료

· 버터 88g · 분당 84g · 계란 79g · 아몬드 파우더 88g · 피스타치오 페이스트 26g

만들기

❶ 포마드 상태의 버터에 분당, 피스타치오 페이스트를 넣고 비터로 돌려준다.

❷ 계란을 2〜3회 나누어 투입한다.

❸ 아몬드 파우더를 넣고 섞어준다.

크렘프랑지팡

재료

· 크렘 아망드-피스타슈 360g · 크렘 파티시에(참고 p.42) 120g

만들기

❶ 크렘 아망드와 크렘 파티시에를 섞는다.

라즈베리잼

재료

· 산딸기 퓌레(아다망스) 63g · 냉동 산딸기 35g · 레몬주스 2g · 설탕 44g · 펙틴 2g · 젤라틴 2g

만들기

❶ 산딸기 퓌레, 냉동 산딸기, 레몬주스를 같이 끓여준다.

❷ 40℃에서 설탕과 섞은 펙틴을 투입하여 103℃까지 끓인다.

❸ 물에 불린 젤라틴을 투입하여 같이 섞어준다.

피스타치오 바바로와(바바루아)

재료

- 우유 40cc · 노른자 23g · 설탕 8g · 피스타치오 페이스트 12g · 바닐라향 1g · 젤라틴 1.5g
- 생크림(엠보그) 158g

만들기

❶ 노른자, 설탕, 피스타치오 페이스트를 섞어준다.

❷ 끓인 우유를 ①에 투입한다.

❸ 냄비에서 가열하여 앙글레이즈를 만든다.

❹ 녹인 젤라틴을 투입하여 섞어준다.

❺ 냉각 후 휘핑한 생크림과 같이 섞어준다.

피스타치오 샹티크림

재료

- 생크림(엠보그) 100g · 설탕 9g · 피스타치오 페이스트 10g

만들기

❶ 피스타치오 페이스트와 생크림을 섞어준다.

❷ 생크림을 휘핑하며 설탕을 투입한다.

❸ 단단한 샹티크림을 만들어준다.

마무리

재료

- 제누아즈(참고 p.45) 지름 5cm×높이 1cm 4개 · 피스타치오커넬

만들기

❶ 코팅된 지름 8cm, 높이 3cm 구움틀 바닥에 3mm 두께의 지름 8cm 링커터로 찍은 쉬크레를 놓고 크렘프랑지팡을 분할하여 90%를 채워준다.

❷ 컨벡션오븐 160℃에서 25분 전후로 굽는다.

❸ 냉각 후 높이 5cm 띠지를 밀착하여 둘러준다.

❹ 띠지 옆면부터 안쪽까지 라즈베리잼을 분할한다.

❺ 제누아즈를 라즈베리잼에 접착 후 피스타치오 바바로와를 가득 채운다.

❻ 상단을 평평하게 하여 냉동시킨다.

❼ 살짝 수축된 부분에 피스타치오 샹티크림을 채운 후 별깍지로 돌려가며 파이핑한다.

❽ 데코화이트를 뿌리고 피스타치오커넬로 장식한다.

둘세 크림케이크

Dulcey Cream Cake

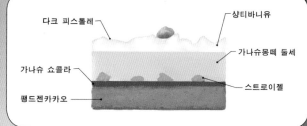

다크 피스톨레 · · · · · · · 샹티바니유

가나슈 쇼콜라 · · · · · · · 가나슈몽떼 둘세

팽드젠카카오 · · · · · · · 스트로이젤

팽드젠카카오

재료

- 마지팬(52%) 60g · 계란 24g · 노른자 29g · 중력분 14g · 전분 6g · 버터(레스큐어) 7g
- 카카오매스 10g · 생크림(엠보그) 12g

만들기

❶ 마지팬을 40℃ 전후로 중탕한다.

❷ 상온의 계란, 노른자를 조금씩 투입하면서 덩어리를 풀어준다.

❸ 휘퍼로 믹싱하면서 밝은 색이 올라올 때까지 휘핑한다.

❹ 체 친 가루재료를 섞어준다.

❺ 녹인 카카오매스와 버터를 섞어준다.

❻ 생크림을 섞어주고 135mm×135mm 사각틀에 분할하여 170℃에서 35분 전후로 구워준다.

스트로이젤

재료

- 버터(레스큐어) 49g · 설탕 24g · 갈색설탕 24g · 아몬드 파우더 49g · 박력분 49g · 소금 1g

만들기

❶ 비터로 풀어준 버터에 설탕 2종, 아몬드 파우더, 박력분, 소금을 섞어준다.

❷ 반죽을 굵은 체에 내려 작은 덩어리로 만들어준다.

❸ 철판에 펼쳐서 150℃, 30분 전후로 섞으면서 구워준다.

가나슈몽떼 둘세

재료

- 생크림(엠보그) 112g · 트리몰린 6g · 설탕 20g · 젤라틴 3g · 둘세 초콜릿 35%(발로나) 55g
- 생크림(국내산) 195g

만들기

❶ 생크림(엠보그)과 설탕, 트리몰린을 같이 끓여준다.

❷ 물에 불린 젤라틴, 둘세 초콜릿에 넣고 유화시켜 준다.

❸ 차가운 생크림(국내산)을 혼합하여 냉장고에서 하루 휴지시킨다.

가나슈 쇼콜라

재료

· 생크림(엠보그) 55g · 물엿 3g · 다크 초콜릿(에콰토리얼누아 55%) 50g · 버터 12g

만들기

❶ 생크림과 물엿을 끓인다.

❷ 다진 초콜릿과 천천히 혼합한다.

❸ 가나슈 35~40℃에 버터를 넣고 바믹서로 유화시킨다.

샹티바니유

재료

· 생크림(엠보그) 135g · 설탕 12g · 바닐라빈 1/4ea

만들기

❶ 생크림에 바닐라빈을 넣고 휘핑하며 설탕을 투입한다.

❷ 단단한 샹티크림을 만들어준다.

다크 피스톨레

재료

· 다크 초콜릿(에콰토리얼누아 55%) 20g · 카카오 버터 25g

마무리

❶ 냉각된 팽드젠카카오 상단을 평평하게 커팅한다.

❷ 가장자리를 커팅하고 120mm×120mm 사각 무스틀 안에 넣고 가나슈 쇼콜라를 분할한다.

❸ 스트로이젤을 전체적으로 균일하게 분할한다.

❹ 가나슈몽떼 둘세를 휘핑하여 틀에 채운다.

❺ 상단에 쉬폰깍지로 샹티바니유를 사선모양의 지그재그로 파이핑하여 냉동한다.

❻ 상단에 다크 피스톨레를 하여 가장자리를 잘라낸 후 10×2.5cm로 커팅한다.

MEMO

가나슈 오렌지 헤이즐넛

Ganache Orange Hazelnut

가나슈몽떼 오랑쥬

가나슈오랑쥬

크리스피 헤이즐넛

헤이즐넛 다쿠와즈

헤이즐넛 다쿠와즈

재료

• 흰자 30g • 설탕 10g • 헤이즐넛 파우더 27g • 분당 27g • 구운 헤이즐넛 10g

만들기

❶ 흰자와 설탕으로 머랭을 올린다.

❷ 헤이즐넛 파우더와 분당을 같이 가볍게 섞어준다

❸ 5×5cm 사각 몰드에 분할 후 구운 헤이즐넛을 올려준다.(SF104Cube)

❹ 180℃ 오븐에 13분 전후로 굽는다.

크리스피 헤이즐넛

재료

• 헤이즐넛 프랄린 19g • 밀크 초콜릿(지바라라떼 40%) 6g • 에클라도르 11g • 버터 3g

만들기

❶ 초콜릿과 버터를 녹이고 헤이즐넛 프랄린과 섞어준다.

❷ 에클라도르와 섞어준다.

가나슈오랑쥬

재료

• 생크림(엠보그) 40g • 오렌지 제스트 1/6ea • 밀크 초콜릿(지바라라떼 40%) 47g • 그랑 마니에르 1g

만들기

❶ 생크림에 오렌지 제스트를 넣고 80℃까지 끓인다.

❷ 체에 거르고 반쯤 녹인 초콜릿, 술과 섞어 유화시킨다.

가나슈몽떼 오랑쥬

재료

• 생크림(엠보그) 49g • 오렌지 제스트 1/6ea • 밀크 초콜릿(지바라라떼 40%) 49g • 생크림(국내산) 21g

만들기

❶ 생크림(엠보그)과 오렌지 제스트를 같이 끓여준다.

❷ 초콜릿에 넣고 유화시켜 준다.

❸ 차가운 생크림(국내산)을 혼합하여 냉장고에서 하루 휴지시킨다.

마무리

재료

- 밀크 초콜릿 5×5cm 사각판 8개 · 생크림(국내산) 21g

만들기

❶ 헤이즐넛 다쿠와즈 상단에 크리스피 헤이즐넛을 전체적으로 펼쳐준다.

❷ 가나슈오랑쥬를 전체적으로 파이핑한다.

❸ 밀크 초콜릿 사각판을 올리고 가나슈오랑쥬를 한번 더 파이핑한다.

❹ 밀크 초콜릿 사각판을 올리고 쉬폰깍지로 가나슈몽떼 오랑쥬를 파이핑한다.

MEMO

무스 프로마쥬

Mousse Fromage

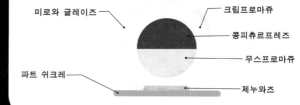

미로와 글레이즈 —

크림프로마쥬

콩피츄르프레즈

무스프로마쥬

파트 쉬크레 —

제누와즈

파트 쉬크레

(참고 p.48)

만들기

❶ 3mm 두께로 밀어서 지름 6cm 주름 링커터로 찍어 놓는다.

❷ 컨벡션오븐 170℃, 12분 전후로 굽는다.

콩피츄르프레즈

재료

• 냉동 딸기 50g • 냉동 산딸기 12g • 레몬주스 1g • 설탕 45g • 펙틴 1g

만들기

❶ 냉동 딸기, 냉동 산딸기, 레몬주스, 설탕 1/2을 냄비에 넣고 끓인다.

❷ 40℃에서 나머지 설탕 1/2과 펙틴을 섞어서 투입한다.

❸ 103℃까지 끓이고 몰드에 반을 분할한다. (Truffles40)

무스 프로마쥬

재료

• 사워크림 7g • 끼리치즈 21g • 우유 11cc • 젤라틴 1g • 생크림(엠보그) 50g • 정백당 9g

만들기

❶ 끼리치즈를 사워크림과 같이 부드럽게 풀어준다.

❷ 따뜻한 우유와 녹인 젤라틴을 섞어 천천히 넣으면서 혼합한다.

❸ 생크림과 설탕을 같이 휘핑하여 섞어준다.

❹ 콩피츄르프레즈를 채운 몰드에 나머지 반을 채워준다.

미로와 글레이즈

재료

• 뉴트럴미로와 125g

만들기

❶ 뉴트럴미로와를 중탕으로 데워준다.

❷ 바믹서로 기포를 제거한 후 35~40℃에서 사용한다.

크림프로마쥬

재료

- 설탕A 30g · 물 9g · 노른자 15g · 끼리치즈 96g
- 설탕B 12g · 우유 42cc · 젤라틴 2g · 생크림(엠보그) 102g

만들기

❶ 설탕A와 물을 냄비에 108℃까지 끓여 휘핑한 노른자에 천천히 부어 파트 아 봄브를 만든다.

❷ 끼리치즈에 설탕B와 우유를 넣어 부드럽게 풀어준 후 파트 아 봄브와 섞어준다.

❸ 물에 불린 젤라틴을 녹여 혼합한다.

❹ 생크림을 휘핑하여 부드럽게 같이 섞어준다.

마무리

재료

- 제누와즈(참고 p.45) 지름 4cm×높이 1cm 4개 · 식용꽃

만들기

❶ 크림프로마쥬를 원구 몰드에 반을 분할하여 옆면을 채워준다. (Truffles120)

❷ 냉동된 인서트를 몰드에서 분리하여 중앙에 넣어준다.

❸ 크림프로마쥬로 빈 공간을 채워주고 제누와즈(제누아즈)를 바닥면에 덮어 냉동시킨다.

❹ 몰드에서 분리한 후 미로와 글레이즈로 코팅한 후 파트 쉬크레 위에 올려 식용꽃으로 장식한다.

MEMO

듀얼 초콜릿 무스

Dual Chocolate Mousse

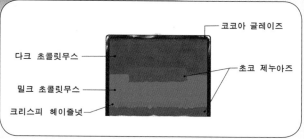

코코아 글레이즈

다크 초콜릿무스

초코 제누아즈

밀크 초콜릿무스

크리스피 헤이즐넛

다크 초콜릿 무스

재료

· 설탕 20g · 물 8g · 노른자 55g · 다크 초콜릿(만자리 64%) 55g · 생크림(엠보그) 110g

만들기

❶ 설탕과 물을 냄비에 108℃까지 끓여 휘핑한 노른자에 천천히 부어 파트 아 봄브를 만든다.

❷ 초콜릿을 녹여 파트 아 봄브와 섞어준다.

❸ 생크림을 휘핑하여 부드럽게 같이 섞어준다.

밀크 초콜릿 무스

재료

· 설탕 20g · 물 8g · 노른자 40g · 젤라틴 2g · 밀크 초콜릿(지바라라떼 40%) 58g · 생크림(엠보그) 100g

만들기

❶ 설탕과 물을 냄비에 108℃까지 끓여 휘핑한 노른자에 천천히 부어 파트 아 봄브를 만든다.

❷ 초콜릿을 녹여 파트 아 봄브와 섞어주고 녹인 젤라틴을 혼합한다.

❸ 생크림을 휘핑하여 부드럽게 같이 섞어준다.

크리스피 헤이즐넛

재료

· 헤이즐넛 프랄린 19g · 밀크 초콜릿(지바라라떼 40%) 6g · 에클라도르 11g · 버터 3g

만들기

❶ 초콜릿과 버터를 녹이고 헤이즐넛 프랄린과 섞어준다.

❷ 에클라도르와 섞어준다.

코코아 글레이즈

재료

• 설탕 77g • 물 50g • 생크림(엠보그) 43g • 코코아 파우더(발로나) 22g • 뉴트럴미로와 48g • 젤라틴 3g

만들기

❶ 설탕, 물, 생크림, 코코아 파우더를 섞어서 103℃까지 끓인다.

❷ 뉴트럴미로와, 녹인 젤라틴을 혼합하여 바믹싱한다.

❸ 32℃에서 사용한다.

마무리

재료

• 제누아즈 쇼콜라(공통레시피 참고 p.46) 지름 6cm×높이 1cm 4장
• 제누아즈 쇼콜라(참고 p.46) 지름 5cm×높이 1cm 4장
• 다크 초콜릿 삼각판 지름 7cm×높이 8cm 기둥 4개 • 금박

만들기

❶ 다크 초콜릿 무스를 지름 7cm, 높이 7cm 무스링의 반을 채워준다.

❷ 제누아즈 쇼콜라 지름 5cm를 중앙에 놓는다.

❸ 밀크 초콜릿 무스를 옆면에 빈틈없이 90% 채워준다.

❹ 제누아즈 쇼콜라 지름 6cm에 크리스피 헤이즐넛을 바른 후 덮어 냉동시킨다.

❺ 틀에서 제거한 무스를 망에 올려 코코아 글레이즈로 코팅한다.

❻ 바닥면을 정리한 후 접시에 놓고 초콜릿 장식물을 둘러준다.

MEMO

헤이즐넛 캐러멜 무스

Hazelnut Caramel Mousse

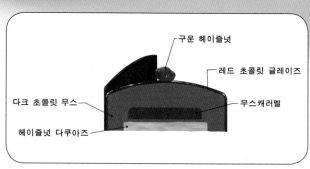

구운 헤이즐넛

레드 초콜릿 글레이즈

다크 초콜릿 무스

무스캐러멜

헤이즐넛 다쿠아즈

헤이즐넛 다쿠아즈

재료

- 흰자 33g • 설탕 11g • 헤이즐넛 파우더 30g • 분당 30g • 구운 헤이즐넛 11g

만들기

❶ 흰자와 설탕으로 머랭을 올린다.

❷ 헤이즐넛 파우더와 분당을 같이 가볍게 섞어준다.

❸ 달팽이 모양으로 지름 5cm로 분할 후 구운 헤이즐넛을 올려준다.

❹ 180℃ 오븐에 12분 전후로 굽는다.

레드 초콜릿 글레이즈

재료

- 밀크 초콜릿(지바라라떼 40%) 23g • 다크 초콜릿(에콰토리얼누아 55%) 53g • 생크림(국내산) 45g
- 물 25g • 레드색소 소량 • 젤라틴 4g • 뉴트럴미로와 105g

만들기

❶ 생크림과 물을 80℃까지 끓인다.

❷ 반쯤 녹인 초콜릿과 레드색소에 혼합하여 유화시킨다.

❸ 녹인 젤라틴과 미로와를 섞어 바믹싱한다.

❹ 35℃에서 사용한다.

무스캐러멜

재료

- 설탕 12g • 물엿 10g • 생크림(엠보그)A 21g • 젤라틴 2g • 생크림(엠보그)B 60g

만들기

❶ 설탕, 물엿을 끓여 캐러멜화시킨다.

❷ 갈색이 나면 따뜻한 생크림A를 나눠서 투입한다.

❸ 녹인 젤라틴을 섞어준다.

❹ 생크림B를 휘핑하여 35℃ 전후에서 혼힙힌다.

❺ 몰드 높이 1cm로 분할하여 냉동시킨다. (SF027)

다크 초콜릿 무스

재료

• 설탕 20g • 물 8g • 노른자 55g • 다크 초콜릿(만자리 64%) 55g • 생크림(엠보그) 110g

만들기

❶ 설탕과 물을 냄비에 108℃까지 끓여 휘핑한 노른자에 천천히 부어 파트 아 봄브를 만든다.

❷ 초콜릿을 녹여 파트 아 봄브와 섞어준다.

❸ 생크림을 휘핑하여 부드럽게 같이 섞어준다.

- -

마무리

재료

• 구운 헤이즐넛 • 다크 초콜릿 삼각판 지름 7cm×높이 3cm 기둥 4개

만들기

❶ 다크 초콜릿 무스를 몰드에 반을 분할하여 옆면을 채워준다.(Essenziale80)
❷ 무스캐러멜을 몰드에서 분리하여 중앙에 넣어준다.
❸ 다크 초콜릿 무스를 소량 분할 후 헤이즐넛 다쿠아즈(다쿠와즈)를 바닥면에 덮어 냉동시킨다.
❹ 몰드에서 분리하여 글레이즈를 하고 초콜릿 장식물을 둘러준다.

MEMO

생토노레 프레즈

Saint-honoré Fraise

후랑보와즈 쥬레 ——— 샹티크림

——— 크렘 디플로마트

크라클랑 ———

파트아슈 ——— 파트 쉬크레

파트 쉬크레

(참고 p.48)

만들기

❶ 3mm 두께로 밀어서 지름 8cm 링커터로 찍어 타공매트에 팬닝한다.

❷ 컨벡션오븐 170℃, 12분 전후로 굽는다.

크라클랑

재료

· 버터 14g · 박력분 16g · 설탕 16g · 딸기레진 1g

만들기

❶ 포마드 상태의 버터에 설탕과 박력분, 딸기레진을 섞어준다.

❷ 얇게 밀어펴서 냉장에서 휴지시킨 후 지름 3cm 링커터로 찍어준다.

빠떼 아 슈

(참고 p.51)

만들기

❶ 철판에 지름 2.5cm로 파이핑하여 분할한다.

❷ 크라클랑을 하나씩 올리고 180℃ 오븐에서 20분 전후로 구워준다.

샹티크림

재료

· 생크림(엠보그) 135g · 설탕 12g

만들기

❶ 생크림을 휘핑하며 설탕을 투입한다.

❷ 단단한 샹티크림을 만들어준다.

크렘 디플로마트

재료

· 크렘 파티시에(참고 p.42) 375g · 크렘샹티 75g

만들기

❶ 두 가지 크림을 가볍게 섞어준다.

후랑보와즈 쥬레

재료

· 산딸기 퓌레(아다망스) 45g · 물엿 6g · 설탕 2g · 펙틴 1g · 레몬주스 1g

만들기

❶ 산딸기 퓌레와 물엿을 냄비에 넣고 데워준다.

❷ 40℃에서 설탕과 펙틴을 넣고 섞어준다.

❸ 103℃까지 끓인 뒤 레몬주스를 혼합한다.

마무리

❶ 슈 안에 디플로마트를 채우고 후랑보와즈 쥬레를 조금 넣어 4개씩 4세트를 준비한다.

❷ 쉬크레 위에 슈 3개를 올려놓고 중앙에 디플로마트를 조금 분할한다.

❸ 후랑보와즈 쥬레를 디플로마트 위에 조금씩 분할하고 샹티크림으로 덮어준다.

❹ 슈 사이로 생토노레 모양으로 파이핑하여 상단에 슈 한 개를 올려 마무리한다.

MEMO

플레이트 디저트

타르트 바

Tarte Bar

생초콜릿

샤블레

크림 무슬린

샤블레

재료

• 버터(레스큐어) 70g • 박력분 56g • 설탕 28g • 아몬드 파우더 50g • 소금 1g • 노른자 10g

만들기

❶ 박력분과 아몬드 파우더는 미리 체 쳐둔다.

❷ 포마드된 버터에 설탕과 달걀 노른자, 소금을 넣는다.

❸ ①과 ②를 잘 섞어 냉장고에 휴지시킨다.

❹ 0.3cm 정도로 밀어펴서 3cm×9cm로 잘라 190℃ 오븐에서 구워낸다.

생초콜릿

재료

• 생크림(엠보그) 45g • 물엿 3g • 다크 초콜릿(만자리 64%) 105g
• 밀크 초콜릿(지바라라떼 40%) 33g • 버터(레스큐어) 12g • 쿠앵트로 7cc

만들기

❶ 생크림과 물엿은 같이 끓인다.

❷ 미리 녹여놓은 다크, 밀크 초콜릿과 ①을 섞어준다.

❸ 포마드 상태가 된 버터를 넣고 쿠앵트로를 섞어준다.

❹ 틀에 넣어 냉장고에서 굳힌 뒤 2.5cm×2.5cm로 잘라준다.

❺ 코코아 파우더를 살짝 뿌려준다.

크림 무슬린

재료

• 우유 84cc • 노른자 20g • 설탕 21g • 옥수수전분 4g • 생크림(엠보그) 93g • 크림 샹티 50g

만들기

❶ 달걀 노른자와 설탕을 잘 섞어 놓는다.

❷ 냄비에 데운 생크림을 ①과 섞은 뒤, 전분을 넣어준다.

❸ 약한 불에서 반죽 겉면이 약간 윤기가 날 때까지 익혀 커스터드크림을 만든다.

❹ 믹싱볼에 생크림을 넣고 8부 올린다.

❺ 커스터드 200g과 크림 샹티 50g을 잘 섞어준다.

크림 샹티

재료

· 생크림(엠보그) 50g · 설탕 5g · 바닐라빈 소량

만들기

❶ 믹싱볼에 생크림과 설탕을 넣어 8부를 올린다.

마무리

❶ 구워낸 샤블레 반죽을 접시에 올리고 크림 무슬린을 짜주고 생초콜릿과 과일들로 장식한다.

(tip) · 샤블레 반죽은 구운 후 바로 만지면 깨질 위험이 크니 완전히 식힌 뒤에 움직이는 게
　　　 좋다.
　　　· 생초콜릿은 전 재료가 다 섞인 뒤 핸드믹서로 갈아 완전히 유화시켜 사용한다.

MEMO

타워 페스츄리 & 바닐라 아이스크림

Tower Pastry & Vanilla Ice Cream

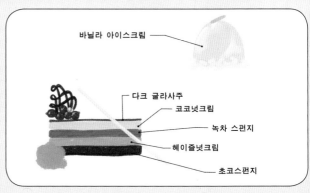

바닐라 아이스크림

다크 글라사주
코코넛크림
녹차 스펀지
헤이즐넛크림
초코스펀지

헤이즐넛크림

재료
• 우유 9cc • 헤이즐넛 프랄린 100g • 노른자 25g • 설탕 15g • 젤라틴 6g • 생크림(엠보그) 180g • 럼 3cc

만들기
❶ 우유를 끓여 헤이즐넛 프랄린을 섞는다.

❷ 노른자와 설탕은 앙글레이즈를 만든다.

❸ 반죽 ①과 ②를 섞는다.

❹ 녹인 젤라틴을 ③에 섞는다.

❺ 휘핑한 생크림을 ④에 섞는다. 마지막으로 럼을 넣는다.

❻ 링틀에 초코 스펀지를 깔고 ⑤의 반죽된 크림을 넣는다.

코코넛크림

재료
• 코코넛 퓌레(아다망스) 200g • 휘핑크림 200g • 판젤라틴 5g • 설탕 18g • 럼 2cc

만들기
❶ 휘핑크림은 80%로 휘핑한다. 설탕을 첨가한다.

❷ 판젤라틴은 얼음물에 불린 다음 퓌레와 함께 냄비에 넣어 녹여둔다.

❸ 위 재료 ①과 ②를 섞는다.

❹ 마지막으로 럼을 넣고 녹차 스펀지 위에 넣는다.

❺ 냉동고에 굳힌 후 다크 글라샤주로 코팅한다.

녹차 스펀지 만들기

재료
• 전란 200g • 설탕 133g • 박력분 70g • 녹차 파우더(클로렐라 함유) 10g • 버터(레스큐어) 20g
• 우유 24cc

만들기
❶ 전란과 설탕을 믹서에 넣고 하얗게 될 때까지 고속으로 돌린다.

❷ 미리 함께 체 친 녹차 파우더와 박력분을 함께 넣고 가볍게 섞어준다.

❸ 가루가 거의 보이지 않을 때쯤 50℃ 정도로 함께 데운 우유와 버터를 넣고 가볍게 빨리 섞어준다.

❹ ③을 철판에 편 후 190℃ 오븐에 12분 정도 구워준다.

다크 글라사주

재료

- 물 112cc • 미로와 176g • 코코아 파우더(발로나) 25g • 설탕 82g
- 다크 초콜릿(만자리 64%) 50g • 판젤라틴 12g

만들기

❶ 냄비에 젤라틴을 제외한 모든 재료를 넣고 103℃까지 끓여준다.

❷ ①에 불린 젤라틴을 넣고 혼합한 다음 고운체에 걸러준다.

❸ ②를 식힌 다음 코팅하여 사용한다.

바닐라 아이스크림 만들기

재료

- 우유 180cc • 생크림 50g • 노른자 23g • 아이스크림 안정제(Sosa 글루코오스 파우더) 20g
- 분유 12g • 설탕 26g • 바닐라빈 1/2ea

만들기

❶ 전 재료를 냄비에 넣고 90℃까지 데워 살균시킨다.

❷ ①을 5℃까지 온도를 내린 후 아이스크림 제조기에 넣고 교반시켜 제품을 만든다.

마무리

재료

- 초코 스펀지 1장 • 녹차 스펀지 1장 • (제누아즈 쇼콜라 참고 p.46)

만들기

❶ 틀에 초코 스펀지를 깔고 시럽을 바른 다음 헤이즐넛 크림을 넣는다.

❷ ①에 크림이 굳기 전 녹차 스펀지를 넣어 냉동고에 굳힌다.

❸ 코코넛크림을 제조하여 ②에 넣어 굳힌다.

❹ 다크 글라사주를 제조하여 ③에 부어 굳힌 후 원하는 사이즈로 잘라 데코하여 사용한다.

MEMO

요거트 무스와 멜론수프

Yogurt Mousse with Melon Soup

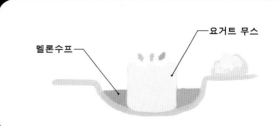

멜론수프

요거트 무스

요거트(요구르트) 무스 만들기

재료

• 플레인 요거트 50g • 설탕 12g • 젤라틴 1g • 레몬주스 1cc • 휘핑크림 70g • 럼 1cc

만들기

❶ 설탕과 휘핑크림을 80% 휘핑한다.

❷ 플레인 요거트를 휘핑크림과 혼합한다.

❸ 불린 젤라틴을 럼, 레몬주스와 함께 ② 반죽에 섞어준다.

❹ 링틀에 부어 굳혀서 사용한다.

멜론수프

재료

• 멜론 1/4 • 딸기 1ea • 황도 1/2pc • 파인애플 1pc • 포도 1알

만들기

❶ 멜론은 곱게 갈아준다.

❷ 계절과일을 수프볼에 무스를 넣고 1쪽씩 돌려준다.

❸ 손님에게 내놓기 전에 차가운 멜론수프를 넣어 서브한다.

크레페 유자 오렌지소스와 생과일

Crepes Yuzu Orange Sauce & Fresh Fruits

크렙

샹티

유자청

스펀지

산딸기소스

크렙

재료

- 중력분 67g · 설탕 25g · 소금 1g · 계란 75g · 버터(레스큐어) 10g · 우유 185cc · 럼 5cc
- 바닐라 익스트랙 소량

만들기

❶ 우유 50℃로 데우고 버터는 중탕한다.

❷ 우유에 중력분+설탕+소금+계란을 완전히 섞어준다.

❸ ②에 중탕해 둔 버터와 럼을 혼합한다.

❹ 고운체에 거르기 → 10분간 휴지(거품 제거)

❺ 지름 12~14cm 정도로 팬에서 얇게 부친다.

산딸기소스

재료

- 산딸기 퓌레 50g · 미로와 50g · 물 10cc · 후람보아즈(후랑보와즈) 리큐르 4cc

만들기

❶ 냄비에 위 재료를 넣고 알코올이 날아갈 정도로만 끓여준 후 식혀서 사용한다.

마무리

재료

- 유자청 200g · 샹티크림 200g(휘핑크림 150g, 설탕 50g)

만들기

❶ 크렙에 유자청을 바르고 크렙을 덮고 샹티크림을 바른다.

❷ 위 작업을 8번 반복하여 케이크를 16장 만든다.

❸ 접시에 소스를 치고 크렙케이크를 10등분하여 사용한다.

산딸기 꿀리를 넣은 초콜릿 무스와 오렌지 젤리

Raspberry Coulis , Chocolate Mousse & Orange Jelly

초콜릿 무스 ㅡ

초콜릿 피스톨레 ㅡ

오렌지 젤리 ㅡ

산딸기 꿀리 ㅡ

산딸기 꿀리

재료

• 산딸기 주스 230g • 설탕 70g • 그랑 마니에르 6g • 판젤라틴 5g • 레몬 콩피 20g

만들기

❶ 냄비에 재료를 넣고 데운 후 불린 판젤라틴을 넣고 몰드에 부어 냉각하여 사용한다.

초콜릿 무스

재료

• 다크 초콜릿(만자리 64%) 120g • 흰자 1ea • 설탕 15g • 노른자 1ea • 설탕 20g • 물 20cc
• 휘핑크림 210g • 그랑 마니에르 6cc • 우유 50cc • 바닐라빈 1/4ea • 젤라틴 4g

만들기

❶ 흰자와 설탕으로 머랭을 만든다.

❷ 노른자와 설탕물을 이용하여 앙글레이즈한다.

❸ 휘핑크림을 70% 휘핑하고 젤라틴은 찬물에 불려둔다.

❹ 우유를 데워 바닐라빈을 우리고 젤라틴을 넣어 녹여준다.

❺ 초콜릿을 녹여 ②와 혼합한 후, ①과 혼합한다.

❻ 휘핑크림과 ④, ⑤를 혼합한다.

❼ 몰드에 절반을 채운 후, 위 산딸기 꿀리를 몰드에 맞게 잘라 넣어준 후, 나머지 반죽을 채운다.

오렌지 젤리

재료

• 오렌지 주스 100g • 설탕 6g • 레몬주스 1cc • 판젤라틴 3g

만들기

❶ 재료를 냄비에 넣고 데운 후, 불린 젤라틴을 넣고 식혀서 접시에 담는다.

마무리

재료

• 오렌지 2ea

만들기

❶ 초콜릿 무스에 다크 피스톨레를 뿌린 후, 접시에 담는다.

❷ 오렌지를 세그먼트하여 무스 위에 데코한다.

❸ 그레이터로 오렌지 필을 만들어 접시 위에 자연스럽게 뿌려준다.

바닐라 화이트 초콜릿 무스

Vanilla White Chocolate Mousse

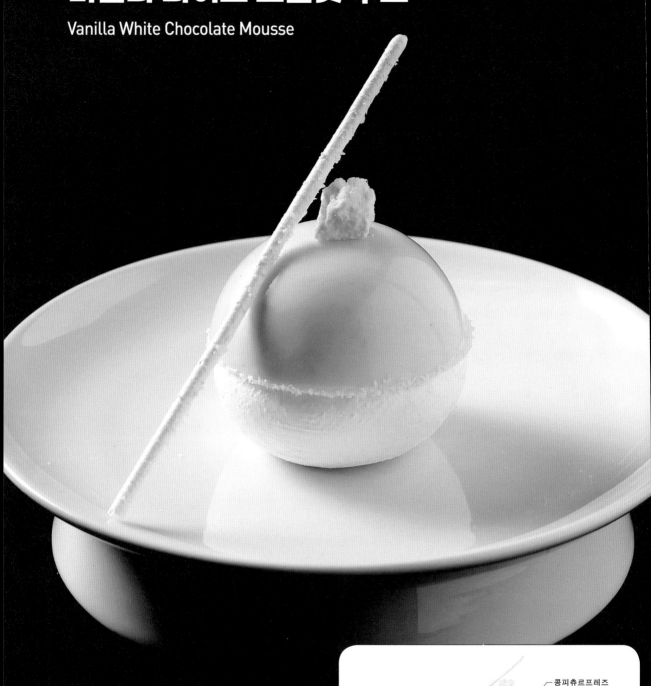

무스 쇼콜라블랑

콩피츄르프레즈

제누아즈

머랭

크렘 디플로마트

무스 쇼콜라블랑

재료
· 우유 50cc · 설탕 13g · 노른자 38g · 화이트 초콜릿(이보아르 35%) 50g · 판젤라틴 2g
· 생크림(엠보그) 100g

만들기
❶ 노른자, 설탕을 섞어 끓인 우유를 혼합한다.

❷ 냄비에서 가열하여 앙글레이즈를 만든다.

❸ 초콜릿과 녹인 젤라틴을 섞어준다.

❹ 냉각 후 휘핑한 생크림과 섞어준다.

콩피츄르프레즈

재료
· 냉동 딸기 50g · 냉동 산딸기 12g · 레몬주스 1cc · 설탕 45g · 펙틴 1g

만들기
❶ 냉동 딸기, 냉동 산딸기, 레몬주스, 설탕 1/2을 냄비에 넣고 끓인다.

❷ 40℃에서 나머지 설탕 1/2과 펙틴을 섞어서 투입한다.

❸ 103℃까지 끓이고 지름 4cm 반구몰드에 분할한다. (SF005)

머랭

재료
· 흰자 80g · 설탕A 120g · 설탕B 80g

만들기
❶ 흰자와 설탕A를 60℃까지 중탕 후 휘핑한다.

❷ 묽은 머랭이 되기 시작하면 설탕B를 투입하여 휘핑한다.

❸ 90% 휘핑하여 설탕 입자가 남아 있는 머랭을 만든다.

❹ 원형깍지로 지름 7cm 반구모양 머랭을 짜서 90℃ 오븐에서 말려준다.

❺ 스틱형태로 장식용 머랭도 준비한다.

화이트 글레이즈

재료

- 생크림(엠보그) 45g · 물 23cc · 바닐라빈 1/4ea · 이산화티타늄 소량 · 판젤라틴 4g
- 화이트 초콜릿(이보아르 35%) 83g · 뉴트럴미로와 105g

만들기

❶ 생크림, 물, 바닐라빈, 이산화티타늄을 80℃까지 끓여준다.

❷ 반쯤 녹인 초콜릿과 젤라틴을 섞어서 유화시킨다.

❸ 미로와를 섞고 32℃에서 사용한다.

- -

크렘 디플로마트

재료

- 크렘 파티시에(참고 p.42) 375g · 크렘샹티 75g

만들기

❶ 두 가지 크림을 가볍게 섞어준다.

- -

마무리

재료

- 제누아즈(참고 p.45) 지름 5cm×높이 1cm 4개

만들기

❶ 무스 쇼콜라블랑을 지름 7cm 반구몰드에 반을 분할한다. (SF002)

❷ 콩피츄르프레즈를 몰드에서 분리하여 중앙에 넣어준다.

❸ 제누아즈(제누와즈)를 바닥면에 덮어주고 냉동보관한다.

❹ 몰드에서 분리하여 화이트 글레이즈를 하여 바닥 옆면에 코코넛 파우더를 살짝 묻혀준다.

❺ 반구머랭의 무스와 닿는 부분 중앙을 스푼으로 파서 크렘 디플로마트를 채워준다.

❻ 반구머랭 둥근 부분을 체에 살짝 갈아 중심을 잡아 접시에 놓는다.

❼ 접시에 반구머랭 둥근 부분을 체에 살짝 갈아 중심을 잡는다.

❽ 머랭 위에 ④ 올려놓는다.

❾ 머랭스틱과 머랭 조각으로 플레이팅을 한다.

퐁당초코케이크와 티라미수

Fondant au Chocolat Cake & Tiramisu

코코아 파우더

커피 시럽

티라미수 크림

초코 스펀지

가나슈

퐁당케이크

가나슈

재료

· 다크 초콜릿(만자리 64%) 40g · 생크림(엠보그) 40g · 트리몰린 4g · 옥수수전분 3g

만들기

❶ 다크 초콜릿을 45℃ 정도로 미리 녹여둔다.

❷ 생크림에 트리몰린을 넣고 끓인 다음 다크 초콜릿에 섞어서 충분히 유화시켜 준다. 콘스타치
를 넣어서 잘 저어준 다음 냉동실에 굳혀준다.

퐁당초코 케이크

재료

· 흰자 76g · 설탕 20g · 다크 초콜릿(만자리 64%) 100g · 노른자 16g · 박력분 12g

만들기

❶ 달걀 흰자와 설탕으로 머랭을 만든다.

❷ 미리 녹여둔 초콜릿에 녹인 버터를 넣고 달걀 노른자와 박력분을 차례대로 섞어준다. 올려둔
머랭을 부드럽게 섞어준다.

❸ 세르크르틀에 퐁당초코 케이크 1/2을 채우고 얼려둔 가나슈를 넣어준 뒤 초코케이크 반죽을
짜준다.

❹ 170℃ 오븐에 10분간 구워준 다음 종이는 벗긴다.

커피 시럽

재료

· 물 50cc · 설탕 50g · 에스프레소 1g · 커피 엑기스 2g · 깔루아 2cc

만들기

❶ 전 재료를 같이 넣고 설탕이 녹을 정도로만 살짝 끓여준 뒤 식혀서 사용한다.

티라미수 크림

재료

- 마스카포네치즈 90g · 노른자 2ea · 설탕A 22g · 판젤라틴 3g · 물 4cc · 설탕B 4g
- 생크림(엠보그) 126g

만들기

❶ 젤라틴을 찬물에 불린다.

❷ 마스카포네치즈와 설탕A를 풀어준다.

❸ 달걀 노른자를 거품기로 풀어준다.

❹ 물, 설탕B를 넣고 끓인 후 ③에 넣어 계속 돌린다.

❺ 젤라틴을 녹여 ④의 재료와 섞는다.

❻ ②에 나누어 섞어준다. 휘핑된 크림을 두 번에 나누어 섞는다.

마무리

재료

- 초코 스펀지 1장 · 제누아즈 쇼콜라(참고 p.46)

만들기

❶ 컵에 시트를 한 장 넣고 커피 시럽을 촉촉하게 바른 뒤 티라미수 크림을 절반 정도까지 채워준다.

❷ 커피 시럽을 바른 시트를 한 장 더 넣고 컵의 나머지를 크림으로 채워준 뒤 냉동고에서 굳힌다.

❸ 굳으면 코코아 파우더를 살짝 뿌려서 마무리한다.

MEMO

베이비 알래스카와 바닐라소스

Baby Alaskas with Vanilla Sauce

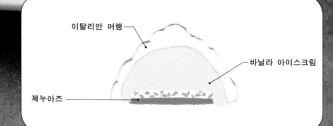

이탈리안 머랭

바닐라 아이스크림

제누아즈

바닐라 아이스크림

재료
- 우유 180cc • 생크림(엠보그) 50g • 노른자 23g • 분유 12g • 설탕 26g
- 아이스크림 안정제(Sosa 글루코오스 파우더) 20g • 바닐라빈 1/2ea

만들기
❶ 전 재료를 냄비에 넣고 90℃까지 데워 살균시킨다.

❷ 위 재료를 5℃까지 온도를 내린 후 아이스크림 제조기에 넣고 교반시켜 제품을 만든다.

이탈리안 머랭

재료
- 달걀 흰자 50g • 물 30cc • 설탕 100g

만들기
❶ 물과 설탕을 118℃까지 끓여준 다음 달걀 흰자를 넣은 믹싱볼에 조금씩 부어 넣으면서 고속으로 휘핑해 준다.

바닐라 샹티크림

재료
- 생크림(엠보그) 200g • 슈가파우더 20g • 바닐라빈 1/4ea

만들기
❶ 믹싱볼에 생크림, 바닐라빈, 슈가파우더를 넣고 휘핑하여 사용한다.

마무리

재료
- 화이트 스펀지 1장 • 레드체리 8ea • 구운 아몬드 8ea • 피스타치오 1ea • 꿀 소량

만들기
❶ 돔형 실리콘 틀에 제누아즈 시트를 얇게 두르고 바닐라 아이스크림을 채워준다.

❷ 구운 아몬드 찹, 체리 슬라이스, 피스타치오 바닐라 샹티크림과 혼합한다.

❸ 아이스크림에 맞게 스펀지를 자른 후 ②를 1cm 정도 스펀지에 바른다.

❹ 틀에서 꺼낸 아이스크림을 ③에 얹어 반구형을 만들어준다.

❺ 돌림핀에 올려두고 이탈리안 머랭으로 아이싱해 준 뒤 토치로 살짝 구워준다.

❻ ⑤에 꿀을 소량 짜주고 데코하여 사용한다.

tip
- 이탈리안 머랭은 달걀 흰자를 열응고시켜 만들기 때문에 프렌치 머랭에 비해 튼튼하며, 뜨거운 시럽이 흰자를 살균하는 작용을 하므로 굽지 않는 바바루아, 무스, 장식용 버터 크림 등에 사용된다. 저장기간은 냉장실에서 1주일 정도이다.

망고로 싼 요거트 무스

Yogurt Mousse Covered with Mango

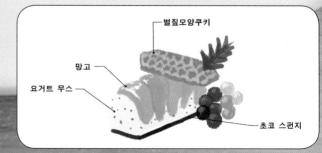

벌집모양쿠키

망고

요거트 무스

초코 스펀지

요거트 무스

재료

· 플레인 요거트 100g · 젤라틴 4g · 설탕 26g · 레몬주스 4cc · 생크림(엠보그) 100g · 망고 1/2ea

만들기

❶ 요거트와 설탕을 잘 섞어 따뜻하게 가열한다.

❷ 불려놓은 젤라틴을 ①과 섞고 레몬주스를 섞어준다.

❸ 8부 올려둔 생크림을 ②와 부드럽게 섞어준다.

❹ 2cm로 말아 놓은 OHP틀에 ③을 넣어 냉동고에 얼려준다.

❺ 망고를 얇게 썰어서 ④를 감싸준다.

바닐라 소스

재료

· 노른자 10g · 우유 22cc · 생크림(엠보그) 33g · 설탕 10g · 바닐라빈 1/2ea

만들기

❶ 달걀 노른자와 설탕을 잘 섞어준다.

❷ 생크림과 우유를 가열해서 ①과 혼합해 준다.

❸ ②를 82℃까지 가열한 뒤 불에서 내려 바닐라빈을 넣어준다.

랑그드샤

재료

· 흰자 50g · 박력분 50g · 녹인 버터 50g · 분당 50g

만들기

❶ 전 재료를 혼합하여 반죽이 되게 한 후, 30분 휴지 후 몰드에 넣어 160℃ 오븐에 넣어 5분간 구워준다.

마무리

재료

· 초코 스펀지 1장 · 제누아즈 쇼콜라(참고 p.46)

만들기

❶ 시트를 바 무스 틀에 맞게 재난한나.

❷ 요거트 무스가 굳으면 필름을 떼어낸 뒤 ①에 올린 후 얇게 슬라이스한 망고로 무스를 감싸준다.

❸ 접시의 중앙에 바닐라 소스를 뿌려주고, 그 위에 망고로 싼 요거트 무스를 올려준다.

tip · 요거트 무스는 젤라틴 양이 적어 굉장히 부드러우니 플레이트 디저트를 마무리할 때 시간이 지체되어 녹지 않도록 작업을 신속하게 진행해야 한다.

유자요거트와 과일 타르트

Yuzu Yogurt with Fruit Tart

크렘 아망드

샹티크림

슈가도우

미로와

유자요거트 무스

스펀지

코코넛 기모브

유자요거트 무스

재료

- 플레인 요거트 100g • 설탕 32g • 휘핑크림 210g • 그랑 마니에르 6cc • 판젤라틴 6g • 우유 35cc
- 유자청 다진 것 120g

만들기

❶ 휘핑크림은 설탕과 같이 70% 휘핑한다.

❷ 우유를 데운 후 불린 젤라틴을 넣고 녹여서 그랑 마니에르를 넣어준다.

❸ ①에 요거트를 넣어 혼합한다. ②를 볼에 천천히 혼합한다.

❹ 에그몰드에 ③을 절반 넣고 유자청 다진 것을 넣은 후 무스로 채운다.

❺ 원형몰드로 스펀지를 찍어 몰드 위에 채워준 후 얼려서 사용한다.

코코넛 기모브

재료

- 설탕A 190g • 물 57cc • 물엿 38g • 흰자 57g • 코코넛 퓌레(아다망스) 63g • 젤라틴 13g
- 설탕B 9g • 소금 1g

만들기

❶ 설탕A와 물엿을 113℃까지 청을 잡는다.

❷ 흰자. 설탕B를 머랭하여 70% 올릴 때 ①번 청 잡은 설탕을 넣어준다. (이탈리안 머랭)

❸ 코코넛 퓌레와 젤라틴을 40℃로 데운 후, 이탈리안 머랭에 넣어 혼합한다.

❹ ③을 짤주머니에 넣어 코코넛 가루를 뿌린 후, 그 위에 원형 깍지로 짜준다.

유자요거트 마무리

재료

- 흰자 80g • 설탕A 120g • 설탕B 80g

만들기

❶ 몰드에 꺼낸 유자요거트를 미로와로 코팅한 후, 코코넛 기모브를 알맞게 자른 후, 하단을 감아 데코한다.

크렘 아망드

재료

• 버터(레스큐어) 100g • 설탕 100g • 전란 60g • 아몬드 파우더 100g • 럼 10cc

만들기

❶ 버터가 포마드 상태가 되면 설탕, 계란, 아몬드 파우더, 럼주 순으로 넣고 믹싱하여 크림화한다.

슈가도우

재료

• 버터(레스큐어) 140g • 설탕 70g • 전란 60g • 중력분 200g

만들기

❶ 버터와 설탕을 넣고 비터로 부드럽게 믹싱한다.

❷ 계란을 넣어 혼합하고 체 친 중력분을 혼합한다.

과일타르트 마무리

재료

• 제누아즈 지름 5cm×높이 1cm 4개

만들기

❶ 3cm 타르트 틀에 슈가도우를 깐 뒤 크렘 아망드 절반을 짜고 170℃ 오븐에서 12분간 구워낸다.

❷ 위에 휘핑크림을 짠 후 여러 계절과일로 데코한다.

MEMO

망고패션 꿀리를 넣은 프랄린 시나몬 무스

Mango Fashion Coulis , Praline Cinnamon Mousse

다크 글라사주   프랄린 시나몬 무스

망고꿀리   호두 누가 크리스피

망고꿀리

재료

- 망고 퓨레(아다망스) 100g • 냉동망고 다이스 100g • 패션 퓨레(아다망스) 15g • 트리몰린 15g
- 설탕 20g • 펙틴 3g

만들기

❶ 망고 퓨레, 패션 퓨레, 트리몰린을 냄비에 넣고 끓인다.

❷ 설탕과 펙틴을 서로 잘 섞어준 뒤 ①이 끓어오르기 전에 넣고 덩어리지지 않도록 잘 섞어준다.

❸ 펙틴의 호화를 위해 ②를 팔팔 끓인 뒤 냉동망고 다이스를 넣고 혼합 후 냉동고에 굳혀 사용한다.

프랄린 시나몬 무스

재료

- 노른자 60g • 설탕 30g • 시나몬 스틱 1/2ea • 우유 80cc • 젤라틴 10g • 헤이즐넛 프랄리네 50g
- 생크림(엠보그) 220g

만들기

❶ 달걀 노른자와 설탕을 잘 섞어둔다.

❷ 시나몬스틱과 우유를 끓여 ①과 섞은 뒤 앙글레이즈를 만든다.

❸ 물에 불려놓은 젤라틴을 넣어주고 헤이즐넛 프랄리네를 섞은 뒤 유화시켜 준다.

❹ 8부 올린 생크림을 ③과 2~3번 나눠 섞은 뒤 실리콘 틀에 넣어주고 마지막에 호두 누가 크리
스피를 올려 냉동고에서 굳힌다.

호두 누가 크리스피

재료

- 물 10cc • 설탕 20g • 호두 60g • 화이트 초콜릿(이보아르 35%) 33g • 버터(레스큐어) 11g
- 헤이즐넛 프랄리네 55g • 푀양틴 55g

만들기

❶ 냄비에 물, 설탕, 호두를 넣고 캐러멜화한 뒤 버터를 넣고 살짝 섞어준다.

❷ 녹여놓은 화이트 초콜릿과 푀양틴을 ①과 섞어준 뒤 0.5cm 정도로 펴서 굳혀준나.

❸ 굳으면 원하는 사이즈로 잘라내어 사용한다.

다크 글라사주

재료
- 물 90cc · 미로와 142g · 코코아 파우더(발로나) 20g
- 설탕 66g · 다크 초콜릿(만자리 64%) 40g · 판젤라틴 10g

만들기
❶ 냄비에 젤라틴을 제외한 모든 재료를 넣고 103℃까지 끓여준다.

❷ ①에 불린 젤라틴을 넣고 혼합한 다음 고운체에 걸러준다.

❸ ②를 식힌 다음 코팅하여 사용한다.

마무리
❶ 프랄린 시나몬 무스를 원형몰드에 절반 채운 뒤 망고패션 꿀리를 넣고 나머지 무스를 채운다.

❷ 호두 누가 크리스피를 덮어 마무리한다.

❸ 다크 글라사주로 코팅한다.

MEMO

헤이즐넛 초코케이크와 바닐라소스 그리고 녹차 마이크로웨이브 스펀지

Hazelnut Chocolate Cake with Vanilla Sauce & Green Tea Microwave Sponge

녹차 마이크로웨이브 스펀지

헤이즐넛 초코 가나슈 크림

사처 비스퀴

헤이즐넛 초코 가나슈 크림

재료

· 헤이즐넛 프랄린 80g · 설탕 40g · 다크 초콜릿(만자리 64%) 100g · 생크림(엠보그) 200g · 물 10cc

만들기

❶ 생크림을 한 번 끓인다.

❷ 중탕한 다크 초콜릿과 헤이즐넛 프랄린, 생크림을 혼합한다.

❸ 설탕과 럼을 넣고 기포가 없도록 잘 저어준다.

바닐라 소스

재료

· 노른자 10g · 우유 22cc · 생크림(엠보그) 33g · 설탕 10g · 바닐라빈 1/2ea

만들기

❶ 달걀 노른자와 설탕을 잘 섞어준다.

❷ 생크림과 우유를 가열해서 ①과 혼합해 준다.

❸ ②를 82℃까지 가열한 뒤 불에서 내려 바닐라빈을 넣어준다.

사처 비스퀴

재료

· 아몬드 페이스트(52%) 112g · 노른자 66g · 전란 40g · 슈가파우더 44g · 중력분 35g
· 코코아 파우더(발로나) 35g · 흰자 102g · 설탕 55g

만들기

❶ 믹서기에 비터를 꽂은 후 전자레인지에 따듯하게 데워 말랑해진 아몬드 페이스트를 중속으로
   믹싱한다.

❷ ①에 노른자과 전란을 나누어 넣어가며 고속 믹싱한다.

❸ ②에 체에 내린 슈가파우더, 중력분, 코코아 파우더를 넣고 섞어준다.

❹ 흰자와 설탕으로 프렌치 머랭을 올려준다.

❺ ③과 ④늘 섞은 후 펜닝한디.

❻ 180℃ 오븐에 10~15분간 굽는다.

녹차 마이크로웨이브 스펀지

재료

· 전란 100g · 설탕 40g · 아몬드 파우더 10g · 중력분 8g · 녹차가루(클로렐라 함유) 5g · 쉬퐁가스 2ea

만들기

❶ 전 재료를 혼합 후 바믹서로 갈아준 뒤 체 친다.

❷ 가스통에 넣고 가스 주입 후 종이컵에 1/3 짜준다.

❸ 전자레인지에 20초 돌린 뒤 냉동해서 잘라 사용한다.

MEMO

마스카포네 치즈 무스와 망고 비즈볼 그리고 꿀

Mascarpone Cheese Mousse with Mango Biz Ball & Honey

망고 비즈볼

허니 무스

망고 글라사주
마스카포네 무스
크루스티앙
사브레 쿠키

알긴 워터

재료

• 생수 1,000cc • 알긴산나트륨 10g

만들기

❶ 위 재료를 혼합하여 바믹서로 갈아 혼합. 30분 휴지 후 사용한다.

마무리

❶ 알긴 워터에 망고 비즈볼 원액을 넣어 1분간 굳힌다.

❷ ①의 비즈볼을 꺼내 생수에 담근 뒤 망고주스에 넣었다가 사용한다.

- -

크루스티앙

재료

• 에끌라도르 50g • 둘세 초콜릿(발로나) 50g • 카카오 버터 25g

만들기

❶ 둘세 초콜릿과 카카오 버터를 녹인다.

❷ ①에 에끌라도르를 넣고 혼합하여 굳힌다.

- -

망고 글라사주 만들기

재료

• 설탕 162g • 물 44cc • 생크림(엠보그) 88g • 연유 40g • 물엿 64g • 판젤라틴 6g
• 앱솔루트 나파주(발로나) 36g • 망고 퓌레(아다망스) 40g • 노란 색소 약간

만들기

❶ 설탕과 물을 125℃ 정도까지 끓여 청을 잡아준다.

❷ 물엿, 나파주, 연유, 생크림, 퓌레를 넣고 끓여준다.

❸ ①과 ②를 혼합한 뒤 색소를 넣고 바믹서로 유화한다.

❹ ③을 식혀 코팅용으로 사용한다.

마무리

❶ 마스카포네 무스를 몰드에 1/2 채운다.

❷ 크루스티앙을 몰드 가운데에 넣는다.

❸ 나머지 무스를 채운 뒤 샤블레(사브레)를 올린다.

❹ ③을 냉동고에 굳힌 뒤 미리 제조해 놓은 망고 글라사주를 씌워 사용한다.

❺ 글라사주는 연한 노란색으로 맞추어 사용한다.

망고 비즈볼

재료
· 망고주스 305cc · 레몬주스 6cc · 설탕 37g · 글루코 6g · 산탄검 1g

만들기
❶ 설탕, 글루코, 산탄검을 혼합한다.

❷ 망고주스, 레몬주스를 냄비에 넣고 50℃로 올려준다. 여기에 ①을 혼합한다.

❸ ②를 한번 끓여준 후 식혀서 사용한다.

마스카포네 무스

재료
· 설탕 60g · 물 15cc · 노른자 40g · 마스카포네 150g · 생크림A(엠보그) 200g · 판젤라틴 6g
· 생크림B(엠보그) 40g · 바닐라빈 1ea

만들기
❶ 마스카포네를 미리 부드럽게 풀어 놓은 뒤 생크림A와 함께 휘핑하여 섞는다.

❷ 설탕과 물을 118℃까지 끓여 청을 잡은 뒤 노른자에 넣고 함께 휘핑하여 파트 아 봄브를 제조한다.

❸ 생크림B를 냄비에 데운 후 미리 얼음물에 불린 젤라틴을 넣고 섞는다.

❹ ②, ③, ④를 혼합하여 무스를 제조한다.

사브레(샤블레) 쿠키

재료
· 버터(레스큐어) 75g · 소금 1g · 설탕 30g · 아몬드 파우더 12g · 바닐라빈 1g · 노른자 12g
· 박력분 60g · 베이킹 파우더 1g

만들기
❶ 버터는 포마드 상태로 만들어준 뒤 소금과 설탕, 바닐라빈을 넣고 섞는다.

❷ ①에 노른자를 2~3회 나누어 섞는다.

❸ 아몬드 파우더, 체 친 밀가루, 베이킹 파우더를 넣고 섞는다.

❹ 3mm로 밀어편 뒤 원하는 사이즈로 재단하여 170℃에서 8분간 굽는다.

허니 무스

재료
· 생크림A(엠보그) 150g · 꿀 60g · 판젤라틴 6g · 생크림B(엠보그) 40g

만들기
❶ 생크림A를 함께 휘핑한다.

❷ 생크림B와 꿀을 냄비에 데운 뒤 불린 젤라틴을 넣고 섞는다.

❸ ①과 ②를 혼합한다.

❹ 2가지 꿀을 벌집 몰드에 짜서 데코한다.

MEMO

장미향 리치 라즈베리 무스와 계절과일

Rose Aroma Rich Raspberry Mousse & Seasonal Fruits

핑크 글레이즈

장미마스카포네 무스

딸기 젤리

샤블레

장미마스카포네 무스

재료

- 설탕 60g · 물 15cc · 노른자 40g · 마스카포네 150g · 생크림A(엠보그) 200g · 판젤라틴 6g
- 로즈워터 1g · 생크림B(엠보그) 40g

만들기

❶ 로즈워터, 생크림A를 함께 휘핑한다.

❷ ①에 마스카포네를 미리 부드럽게 풀었다가 섞는다.

❸ 설탕과 물을 118℃까지 끓여 청을 잡은 뒤 노른자에 넣고 함께 휘핑하여 파트 아 봄브를 제조한다.

❹ 생크림B를 냄비에 데운 후 미리 얼음물에 불린 젤라틴을 넣고 섞는다.

❺ ②, ③, ④를 함께 혼합하여 무스를 제조한다.

딸기 젤리

재료

- 딸기 퓌레(아다망스) 50g · 리치 퓌레 50g · 트리몰린 5g · 설탕 5g · 젤라틴 2g · 레몬주스 4g

만들기

❶ 젤라틴은 미리 얼음물에 불려놓은 뒤 젤라틴을 제외한 모든 재료를 냄비에 넣고 데운다.

❷ ①에 불린 젤라틴을 넣고 섞은 뒤 몰드에 부어 냉동고에 굳혀 사용한다.

핑크 글레이즈

재료

- 물 60cc · 설탕 54g · 물엿 68g · 연유 45g · 판젤라틴 4.5g · 화이트 초콜릿(이보아르 35%) 66g
- 빨간 색소 약간 · 이산화티타늄 약간

만들기

❶ 물, 설탕, 물엿을 넣고 끓인다.

❷ ①에 젤라틴과 이보아르, 연유를 넣고 섞는다.

❸ ②에 색소와 티타늄을 넣고 핸드믹서로 곱게 갈아 핑크색(원하는 정도)으로 색을 맞춘 뒤 사용한다.

샤블레

재료

· 버터(레스큐어) 70g · 박력분 56g · 설탕 28g · 아몬드 파우더 50g · 소금 1g · 노른자 10g

만들기

❶ 박력분과 아몬드 파우더는 미리 체 쳐둔다.

❷ 포마드된 버터에 설탕과 달걀 노른자, 소금을 넣는다.

❸ ①과 ②를 잘 섞어주고 냉장고에 휴지시킨다.

❹ 0.3cm 정도로 밀어펴서 3cm×9cm로 잘라 190℃ 오븐에서 구워낸다.

마무리

❶ 장미 마스카포네 무스를 몰드에 1/2 채운다.

❷ 미리 재단해 놓은 젤리를 ①에 넣는다.

❸ 나머지 무스를 채운 뒤 몰드에 맞게 샤블레를 재단해서 구워 올린다.

❹ 제조한 핑크 글레이즈를 25~27℃에 맞춘 뒤 무스에 코팅한다.

MEMO

파인애플 콩피와 코코넛 기모브 바닐라 샹티크림

Coconut Guimauve with Pineapple Confit and Vanila Chantily Cream

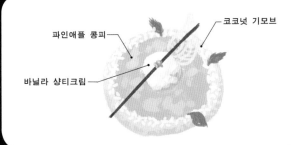

파인애플 콩피 ── 코코넛 기모브

바닐라 샹티크림

파인애플 콩피

재료

· 파인애플 다이스 200g · 바닐라빈 1/4ea · 파인애플 주스 28cc · 말리브 럼 8cc · 젤라틴 4g
· 설탕 36g

만들기

❶ 바닐라빈, 파인애플 주스, 설탕을 넣고 데운다.

❷ 불린 젤라틴을 ①에 넣어 녹인다.

❸ 파인애플 다이스를 ②와 같이 냄비에 혼합한다.

❹ 몰드에 부어 굳힌 후 10cm 원형몰드로 찍어 사용한다.

코코넛 기모브

재료

· 설탕A 190g · 물 57cc · 물엿 38g · 흰자 57g · 코코넛 퓌레(아다망스) 63g · 판젤라틴 13g
· 설탕B 9g · 소금 1g

만들기

❶ 설탕A와 물엿을 113℃까지 청을 잡는다.

❷ 흰자, 설탕B을 머랭하여 70% 올릴 때 ①의 청 잡은 설탕을 넣어준다. (이탈리안 머랭)

❸ 코코넛 퓌레와 소금, 판젤라틴을 40℃로 데운 후, 이탈리안 머랭에 넣어 혼합한다.

❹ ③을 짤주머니에 넣어 코코넛 가루를 뿌린 후, 그 위에 원형깍지로 길게 짜준다.

바닐라 샹티크림

재료

· 생크림 250g · 설탕 55g · 바닐라빈 1/2ea · 판젤라틴 4g

만들기

❶ 냄비에 크림, 설탕, 바닐라빈을 넣고 끓인 후 향을 우려낸다.

❷ ①에 불린 젤라틴을 넣어준다.

❸ 24시간 이상 냉장 숙성한 뒤 휘핑하여 사용한다.

마무리

❶ 접시에 파인애플 콩피를 한가운데 올린다.

❷ 젤리 가장자리에 파인애플 콩피를 한 바퀴 돌려준다.

❸ 바닐라 샹티크림을 원형스쿱으로 넣고 초콜릿으로 장식한다.

럼 레이즌 쇼콜라

Rum Raisin Chocolat

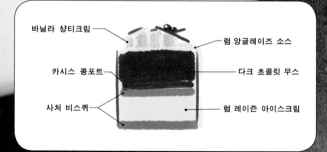

바닐라 샹티크림 — 럼 앙글레이즈 소스

카시스 콩포트 — 다크 초콜릿 무스

사처 비스퀴 — 럼 레이즌 아이스크림

럼 레이즌

재료

- 건포도 50g • 다크럼 150cc

만들기

❶ 건포도와 다크럼을 한곳에 섞어 하루 동안 숙성시킨다.

사처 비스퀴

재료

- 아몬드 페이스트 112g • 노른자 66g • 전란 40g • 슈가파우더 44g • 중력분 35g
- 발로나 카카오 파우더 35g • 흰자 102g • 설탕 55g

만들기

❶ 믹서기에 비터를 꽂은 후 전자레인지에 따듯하게 데워 말랑해진 아몬드 페이스트를 중속으로 믹싱한다.

❷ ①에 난황과 전란을 나누어 넣어가며 고속 믹싱한다.

❸ ②에 체에 내린 슈가파우더, 중력분, 카카오 파우더를 넣고 섞어준다.

❹ 난백과 설탕으로 프렌치 머랭을 올려준다.

❺ ③과 ④를 섞은 후 팬닝한다.

❻ 180℃ 오븐에 10~15분간 굽는다.

바닐라 샹티크림

재료

- 생크림(엠보그) 500g • 설탕 60g • 바닐라빈 1/2ea • 젤라틴 4g

만들기

❶ 냄비에 크림, 설탕, 바닐라빈을 넣고 끓인 후 향을 우려낸다.

❷ ①에 불린 젤라틴을 넣어준다.

❸ 24시간 이상 냉장 숙성한 뒤 휘핑하여 사용한다.

럼 앙글레이즈 소스

재료

- 우유 100g • 생크림(엠보그) 100g • 노른자 40g • 설탕 20g • 신서티힌 럼 20cc   바닐라빈 1/2ea

만들기

❶ 냄비에 건포도를 7일간 숙성하고 남은 럼과 바닐라빈, 우유, 생크림을 끓인다.

❷ 블렁쉬한 노른자, 설탕을 ①에 넣은 후 75℃까지 끓여 앙글레이즈 크림을 만들어준다.

럼 레이즌 아이스크림

재료

- 우유 250cc • 노른자 70g • 설탕 37g • 분유 40g • 생크림(엠보그) 16g • 럼 레이즌 50g

만들기

❶ 난황과 설탕을 믹싱볼에 넣고 휘퍼로 섞어준다.

❷ 우유, 크림, 분유를 냄비에 넣고 끓여준다.

❸ ②에 ①을 넣고 75℃까지 앙글레이즈화시킨다.

❹ 앙글레이즈 크림을 체에 거른 후 7일 전 숙성해 둔 럼 레이즌을 넣고 핸드믹서로 갈아준다.

❺ 차갑게 식힌 아이스크림 베이스를 아이스크림 기계에 넣고 돌려서 사용한다.

카시스 콩포트

재료

- 냉동 블랙커런트 100g • 설탕 25g

만들기

❶ 냄비에 냉동 블랙커런트와 설탕을 넣고 조려 잼 형태로 만든다.

다크 초콜릿 무스

재료

- 우유 60cc • 노른자 12g • 설탕 12g • 젤라틴 1g • 다크 초콜릿(만자리 64%) 90g • 휘핑크림 110g

만들기

❶ 우유를 끓인 후 노른자, 설탕 혼합물을 넣고 75℃까지 끓여 앙글레이즈 크림을 만든다.

❷ 앙글레이즈 크림이 식기 전에 불린 젤라틴을 넣고 섞은 후 체에 걸러준다.

❸ 체에 거른 앙글레이즈 크림에 다크 초콜릿을 넣고 핸드블렌더로 유화시켜 가나슈를 만든다.

❹ 가나슈와 휘핑한 크림을 섞어준다.

마무리

❶ 다크 초콜릿을 템퍼링하여 원하는 모양으로 실린더를 만들어준다.

❷ 접시에 실린더를 올린 후 실린더 크기에 맞춰 자른 사처 비스퀴를 넣어 바닥에 깔아준다.

❸ 럼 레이즌 아이스크림을 실린더의 반 정도 파이핑한 후 사처비스퀴를 하나 더 올려준다.

❹ 그 위로 카시스 콩포트와 다크 초콜릿 무스를 파이핑한 후 평평하게 깎아준다.

❺ 그 위로 바닐라 샹티크림을 파이핑한다.

❻ 초콜릿 장식물과 금박으로 장식한다.

❼ 실린더 주변으로 차가운 럼 앙글레이즈 소스를 뿌려 마무리한다.

MEMO

밀푀유와 레몬 샤벳

Mill-feuille & Lemon Sherbet

퍼프도우

캐러멜소스

크렘 파티시에

퍼프도우 만들기

재료

- 중력분 250g • 강력분 250g • 버터 50g • 우유 110cc • 전란 1ea • 얼음물 113cc • 설탕 10g
- 소금 7g • 충전용 버터 400g

만들기

❶ 우유, 얼음물, 설탕, 소금, 계란, 밀가루를 함께 넣고 반죽한다.(저속 2분, 중속 4분)

❷ 반죽을 냉장 휴지시킨 후 충전용 버터를 넣고 3절접기를 한다.

❸ 3절접기를 3번 한 후 2~3mm로 밀어편 후 실리콘페이퍼를 깔고 200℃에서 15분간 바짝 구워낸다.

- -

크렘 파티시에

재료

- 우유 400cc • 노른자 96g • 박력분 32g • 설탕A 25g • 설탕B 55g • 버터 20g • 바닐라빈 1/2ea

만들기

❶ 냄비에 우유를 넣고 바닐라빈, 설탕A을 넣고 끓여준다.

❷ 볼에 노른자와 설탕B을 넣고 하얗게 될 때까지 휘핑해 준다.

❸ ②에 미리 체 친 가루를 넣고 섞어준 다음 끓인 우유와 혼합해 준다.

❹ 다시 냄비에 옮긴 다음 데우면서 휘핑하다가 크림이 걸쭉한 상태가 되면 버터를 넣고 잘 섞어준다.

❺ 체에 걸러 빨리 식혀준다.

- -

캐러멜소스 만들기

재료

- 우유 20cc • 생크림(엠보그) 25g • 설탕 50g • 물 10cc

만들기

❶ 우유와 생크림을 끓여준다.

❷ 설탕과 물을 냄비에 넣고 캐러멜을 만든다.

❸ ①을 ②에 천천히 부어 혼합 농도를 조절하여 사용한다.

- -

레몬 샤벳(셔벗)

재료

- 레몬주스 160cc • 물 152cc • 설탕 20g • 글루코오스 파우더 20g • 분유 8g

만들기

❶ 레몬주스와 물을 가열하여 데운 후 설탕과 글루코오스 파우더, 분유를 넣어 휘퍼로 잘 섞어준다.

❷ 한번 끓으면 난 뒤 차갑게 식혀 머신에 교반시켜 사용한다.

tip • 버터와 반죽의 온도 되기가 일정해야 원하는 속결의 퍼프도우를 만들 수 있다.

시트러스 파블로바

Citrus Pavlova

머랭 쉘
샹티크림
자몽 콩피
레몬크림
만다린 샤벳

머랭 쉘

재료

• 난백 100g • 설탕 200g

만들기

❶ 흰자와 설탕을 중탕하여 휘핑한다. (스위스 머랭)

❷ 85℃ 오븐에 2시간 30분간 말려준다.

루이보스 시트러스 샹티크림

재료

• 생크림(엠보그) 500g • 설탕 60g • 다망 루이보스 시트러스 티 20g • 젤라틴 4g

만들기

❶ 냄비에 크림, 설탕, 루이보스 시트러스 티를 넣고 끓인 후 향을 우려낸다.

❷ ①에 불린 젤라틴을 넣어준다.

❸ 24시간 이상 냉장 숙성하여 휘핑하여 사용한다.

자몽 콩피

재료

• 자몽 과육 100g • 물 150cc • 설탕 100g

만들기

❶ 자몽은 세그먼트하여 과육만 준비한다.

❷ 물과 설탕으로 시럽을 만들어 자몽 과육과 함께 콩피한다.

❸ 콩피가 끝나면 시럽을 걸러내어 과육만 사용한다.

만다린 & 샤프란 꿀리

재료

• 만다린 퓌레 100g • 샤프란 1 pinch • 설탕 20g • 펙틴 2g

만들기

❶ 만다린 퓌레에 샤프란을 넣고 끓여 향을 우려낸다.

❷ 설탕과 펙틴을 섞은 후 ①에 넣고 끓여 꿀리(쿨리)를 만든다.

레몬크림

재료

· 레몬 퓌레 100g · 전란 64g · 설탕 60g · 버터(레스큐어) 60g · 레몬제스트 1ea · 판젤라틴 2g

만들기

❶ 레몬 퓌레를 냄비에 넣고 데운다.

❷ 설탕에 레몬제스트를 넣고 섞은 후 전란을 섞어준다.

❸ ①에 ②를 넣고 끓여 커스터드를 만든다.

❹ 끓인 크림을 50℃로 식힌 후 상온의 버터와 불린 젤라틴을 넣어 핸드블렌더로 유화시킨다.

❺ 24시간 냉장 숙성 후 사용한다.

루이보스 만다린 샤벳(셔벗)

재료

· 만다린 퓌레 80g · 물 76cc · 설탕 10g · 다망 루이보스 시트러스 티 5g

만들기

❶ 물에 루이보스 시트러스 티를 넣어 향을 우려낸다.

❷ 나머지 재료를 휘퍼로 섞어 한 번 끓으면 식힌다.

❸ 식힌 샤벳(셔벗) 베이스를 머신에 돌려준다.

마무리

❶ 준비된 머랭 쉘에 레몬크림, 자몽콩피, 레몬 크림, 샹티크림 순으로 레이어드를 준다.

❷ 레이어드한 크림 위로 샹티크림, 레몬크림, 오렌지 세그먼트, 자몽 세그먼트, 국화로 장식한다.

❸ 만다린 샤벳을 끄넬 모양으로 올려준 뒤 만다린 쿨리를 올려 마무리한다.

MEMO

베린느 베흐

Verrine Vert

머랭크럼블

라임 겔

라임 기모브

청사과 젤리

바질 판나코타

청사과 젤리

재료

• 청사과 퓌레 200g • 사과주스 50cc • 젤라틴 5g

만들기

❶ 사과주스를 데운 후 불린 젤라틴을 넣어 녹여준다.

❷ ①에 차가운 청사과 퓌레를 넣고 섞어준다.

바질 판나코타

재료

• 생크림(엠보그) 200g • 바질 10g • 설탕 50g • 젤라틴 2장

만들기

❶ 크림에 바질을 넣고 끓여 향을 우려낸 뒤 체에 걸러준다.

❷ 우려낸 크림에 설탕, 불린 젤라틴을 넣고 섞어준다.

청포도 샤벳

재료

• 청포도주스 40cc • 청사과 퓌레 40g • 물 76cc • 설탕 10g • 글루코오스 파우더 10g • 분유 4g

만들기

❶ 냄비에 물, 설탕, 글루코오스 파우더, 분유를 넣고 끓여 섞어준다.

❷ ①에 차가운 청포도주스를 넣어 온도를 내린 뒤 차가운 청사과 퓌레를 넣어준다.

❸ 식은 샤벳 베이스를 아이스크림 기계에 돌려준다.

오파린

재료

• 화이트 혼당 225g • 물엿 150g • 카카오 버터 15g

만들기

❶ 화이트 혼당, 물엿을 165℃까지 갈색이 나지 않게 끓여준다.

❷ ①를 불에서 내려 카카오 버터를 쉬어 녹인 뒤 실온에서 굳어준다.

❸ 굳은 ②를 믹서에 갈아 가루로 만들어준다.

❹ 준비된 가루를 원하는 모양으로 뿌려 녹인 뒤 굳혀서 사용한다.

라임 겔

재료

· 라임 퓌레 200g · 아가르 분말 14g · 설탕 50g · 2:1 시럽(물 200g, 설탕 100g)

만들기

❶ 라임 퓌레를 끓인 후 아가르 분말, 설탕을 넣고 끓인 뒤 냉장고에 굳혀준다.

❷ 2:1시럽을 끓여 차갑게 식힌다.

❸ 굳은 ①을 믹서에 넣고 시럽을 넣어가며 갈아준다(농도를 봐가며 갈아준다).

라임 기모브

재료

· 설탕 94g · 물 26cc · 물엿 9g · 젤라틴 7g · 흰자 22g · 라임 퓌레 25g

만들기

❶ 설탕, 물, 물엿을 113℃까지 끓여준다.

❷ 흰자를 휘핑하고 ①의 시럽을 넣어가며 고속 휘핑한다.

❸ 고속 휘핑 중에 불린 젤라틴과 라임주스를 넣어 휘핑한다.

❹ 실리콘 패드에 오일을 바른 후 기모브 반죽을 펴서 굳혀준다.

마무리

❶ 마티니 잔에 청사과 젤리를 굳혀준다.

❷ 굳은 청사과 젤리 위에 바질 판나코타를 굳혀준다.

❸ 바질 판나코타 위에 머랭크럼블을 올린 후 청포도 샤벳을 끄넬 모양으로 올려준다.

❹ 샤벳 주위로 샤인 머스켓, 라임 겔, 라임 기모브, 바질을 올려 장식한다.

❺ 샤벳 위로 오파린을 올린 후 라임제스트와 바질을 올려 마무리한다.

MEMO

바바 오 뱅쇼

Baba au Vin-chaud

산딸기 꿀리

바닐라 샹티크림

파트 드 바바

파트 드 바바

재료

· 프랑스 밀가루(T-55) 100g · 꿀 4g · 생이스트 4g · 가염버터 35g · 히비스커스 2g · 전란 80g

만들기

❶ 전란과 히비스커스를 섞어 풀어준다.

❷ 믹싱볼에 밀가루, 꿀, 생이스트, 전란과 히비스커스를 넣고 믹싱한다.

❸ 글루텐이 형성되면 가염버터를 넣고 믹싱한다.

❹ 몰드에 적정량 소분한 후 실온에서 발효시킨다.

❺ 180℃ 오븐에 14분간 굽는다.

뱅쇼 시럽

재료

· 포트와인 500cc · 물 250cc · 설탕 125g · 말린 바닐라빈 껍질 1ea · 히비스커스 20g · 팔각 2ea
· 오렌지 필 1ea · 레몬 필 2ea · 시나몬 스틱 15g

만들기

❶ 포트와인을 냄비에 하프 리덕션한다.

❷ 반으로 졸인 포트와인과 나머지 재료를 넣고 한 번 끓여 시럽을 만들어준다.

❸ 50℃로 맞춘 뒤 바바를 적셔 사용한다.

바닐라 샹티크림

재료

· 생크림(엠보그) 200g · 슈가파우더 20g · 바닐라빈 1/4ea

만들기

❶ 믹싱볼에 생크림, 바닐라빈, 슈가파우더를 넣고 휘핑하여 사용한다.

산딸기 꿀리

재료

· 산딸기 퓌레(아나빙스) 100g · 펙틴 NH 2g · 설탕 20g

만들기

❶ 퓌레를 냄비에 끓인 후 설탕, 펙틴 혼합물을 넣고 끓여 사용한다.

내추럴 글레이즈

재료

· 미로와 150g · 물 25cc · 히비스커스 5g

만들기

❶ 냄비에 물과 히비스커스를 끓여 색과 향을 우려낸다.

❷ ①을 체에 거른 후 앱솔루트를 넣고 끓여 사용한다.

마무리

❶ 50℃로 맞춘 뱅쇼 시럽에 구운 바바를 담가 놓는다.

❷ 바바 반죽 안까지 시럽이 침투하면 빼내어 시럽을 살짝 짜준 후 냉장고에 차갑게 식힌다.

❸ 내추럴 글레이즈를 차갑게 식힌 바바에 코팅한다.

❹ 플레이트에 산딸기 꿀리, 산딸기, 딸기, 장미를 깔아 장식한다.

❺ 접시 가운데에 코팅한 바바를 올린 후 원하는 모양으로 바닐라 샹티크림을 파이핑한다.

MEMO

저자약력

나성주
e-mail: skiju62@hanmail.net

현) 롯데호텔 시그니엘 서울 Bakery Pastry Chef
이학박사
대한민국 제과기능장
대한민국 제과제빵 우수숙련 기술인
대한민국 제과제빵 산업현장교수
롯데호텔 잠실점 Bakery Pastry Chef
롯데호텔 서울 본점 Bakery Pastry Chef
2008 독일 IKA 세계요리올림픽 금메달 및 그랑프리 수상
2011 EXPOGAST 세계요리월드컵대회 국가대표 겸 팀 매니저(금메달 수상)

이원석
현) 경민대학교 카페베이커리과 교수
경기대학교 대학원 관광학박사
밀레니엄 서울힐튼호텔 Bakery Pastry Chef
대한민국 제과명장, 우수숙련기술인 평가위원(한국산업인력공단)
호텔업 등급결정 전문평가위원(한국관광공사)
NCS기반 제과/제빵/양식 디저트조리 학습모듈 집필진
2022년 교육부총리 겸 교육부장관 스승의 날 표창
2006 호주축산공사 블랙박스 요리대회 우승, 통일부장관상 외 다수 수상

백형기
현) 대림대학교 제과제빵과 교수
세종대학교 대학원 조리학석사
대한민국 제과기능장
SPC 파리크라상 Innovation LAB
투썸플레이스 연구개발팀 R&D
CJ푸드빌 연구소 R&D
Intercontinental Hotel Seoul-Pastry Kit

이진하
현) 경남정보대학교 호텔제과제빵과 교수
부경대 교육대학원 교육석사(영양교육)
부산롯데호텔 제과장
대한민국 제과기능장
한국조리사협회중앙회 정회원
한국제과기능장협회 정회원
국제음식박람회 심사위원

저자와의
합의하에
인지첩부
생략

The Dessert Art

2025년 1월 25일 초판 1쇄 인쇄
2025년 1월 31일 초판 1쇄 발행

지은이 나성주·이원석·백형기·이진하
펴낸이 진욱상
펴낸곳 백산출판사
교 정 성인숙
본문디자인 신화정
표지디자인 오정은

등 록 1974년 1월 9일 제406-1974-000001호
주 소 경기도 파주시 회동길 370(백산빌딩 3층)
전 화 02-914-1621(代)
팩 스 031-955-9911
이메일 edit@ibaeksan.kr
홈페이지 www.ibaeksan.kr

ISBN 979-11-6639-500-0 93590
값 26,000원